移动互联网时代的智能硬件安全探析

赵立新　著

中国财富出版社

图书在版编目（CIP）数据

移动互联网时代的智能硬件安全探析/赵立新著. —北京：中国财富出版社，2019.6

ISBN 978-7-5047-6922-0

Ⅰ. ①移… Ⅱ. ①赵… Ⅲ. ①智能技术—硬件—计算机安全 Ⅳ. ①TP303

中国版本图书馆CIP数据核字(2019)第102066号

策划编辑 李 丽 **责任编辑** 谷秀莉
责任印制 尚立业 **责任校对** 孙丽丽 **责任发行** 杨 江

出版发行 中国财富出版社
社　　址 北京市丰台区南四环西路188号5区20楼 **邮政编码** 100070
电　　话 010-52227588转2048/2028（发行部） 010-52227588转321（总编室）
010-68589540（读者服务部） 010-52227588转305（质检部）
网　　址 http://www.cfpress.com.cn
经　　销 新华书店
印　　刷 天津雅泽印刷有限公司
书　　号 ISBN 978-7-5047-6922-0/TP・0106
开　　本 710mm × 1000mm 1/16 **版　　次** 2019年7月第1版
印　　张 13 **印　　次** 2019年7月第1次印刷
字　　数 220千字 **定　　价** 55.00元

作者简介

赵立新，男（汉），河南镇平人，三门峡职业技术学院讲师，教务处实践教学科科长，工程硕士，2006年8月至今在三门峡职业技术学院任教。研究领域：无线传感网络、控制工程、程序开发等。参加工作以来，发表论文20余篇，主持参与省级科研课题、教改课题3项，校级课题5项，第四届“蓝桥杯”软件设计大赛河南赛区一等奖指导老师，荣获河南省国家教育考试优秀监考员、三门峡市优秀教师、三门峡职业技术学院优秀教师、教学质量优秀奖等荣誉称号。

内 容 简 介

随着移动互联网业务的日趋繁荣，智能硬件的水平也在不断提升，智能硬件的安全就成了不可忽视的问题。本书以智能硬件安全风险分析为研究框架，全方位介绍了有关智能硬件安全的攻击技术和防御思路，同时也分析了各硬件安全通路的研究思路和操作方法，提出了一些实用建议，对解决目前存在的智能硬件安全问题，有很好的借鉴意义。

目　录

第一章　走近智能硬件

第一节　智能硬件发展历程及优势

以智能手机为突破点，智能硬件彻底走进人们的生活。从 2007 年开始到 2012 年，智能硬件的发展主要围绕智能手机创新，触摸交互方式彻底革新了手机使用体验，商业模式则以硬件为入口和载体，以内容与应用服务为核心。

随着苹果手机的横空出世，触摸式交互硬件日渐普及。由于智能硬件贴近日常生活，交互方式的变革对于其使用影响极大。在诺基亚时代，触摸屏还未普及，人们与智能手机的交互方式更多的是键盘按键的方式，当时比较流行的黑莓手机拥有全按键键盘。2007 年苹果公司推出 iPhone 后（于 2009 年进入中国市场），掀起了我国触摸式智能手机创新的浪潮。2009 年 2 月，诺基亚发布其首款触摸屏手机 5800XM，同年 4 月 OPPO 发布全触屏手机 T9，同年 10 月华为发布触屏手机 U8220。触摸交互的优势，在于其功能和表现力主要由应用程序来决定，其相较于键盘更具灵活性和亲和力。从市场竞争格局来看，头部稳定，但竞争激烈，2007—2012 年，苹果智能手机出货量排名第一，2012 年三星智能手机增长迅猛，2017—2018 年，华为手机的出货量增长迅猛，整个智能手机市场不断上演着王者之争。智能硬件元器件供应平台开始崭露头角。

在市场发展初期，智能硬件厂商研发的新产品数量规模较小，对芯片的需求量也比较少，传统大型的集成电路供应商难以进行定制化生产。2010年，科通芯城成立，它是中国首家面向中小企业的集成电路元器件电商平台，科通芯城作为一个智能硬件创业者、集成电路等部件供应商的对接平台，帮助智能硬件创业者以更加便捷和廉价的方式获得元器件。

商业模式以内容与应用服务为核心。一种方式是将智能硬件作为服务的入口，智能硬件作为服务通常引入应用商店，在实现基本功能之上，用户可选择是否订购其他增值服务。该类型智能硬件的盈利模式，是在出售硬件时，回收全部的硬件成本并依附一定比例的利润。典型的硬件产品为智能手机、智能电视等。大多数早期的手机系统虽然都允许在手机上安装第三方应用，如诺基亚的Symbian（塞班系统）和微软的Windows CE系统，但需要事前在PC端上下载相应程序，之后与手机进行同步。而苹果iPhone搭载的第三方应用商店（App Store），提供了一种快速简便的方法来查找、购买和安装应用程序，用户可以直接订购App商店中的应用，这使得在手机中添加功能变得更为便捷。

目前，几乎所有的智能手机都搭载第三方应用商店，用户采用付费订购的模式从应用商店中订购App。根据IDC、IHS数据，2011年第三季度，搭载Android（安卓系统）的智能手机超过新增市场的50%。2015年1月，谷歌应用商店Google Play的应用数量首次超过了App Store，移动应用分发市场份额跃居世界第一。另一种方式是将硬件作为服务的载体。硬件本身不是收入的来源，也不是获得收入的入口，消费者在硬件框架下不断消费升级。典型的硬件产品为kindle等。2007年亚马逊推出kindle，之后不断更新，现已是第六代产品。kindle模式以阅读器、平板电脑等作为亚马逊产品或者服务的载体，以明显低于同类竞争对手的硬件价格，吸引用户购买亚马逊的硬件（如kindle Fire等），在此基础上，不断培养用户对亚马逊相关产品和服务的消费习惯，促使这些用户更多地购买亚马逊的音乐、视频、图书等产品。智能手机借力移动互联网，构建了庞大的信息经济，也为更多类型智能硬件的出现奠定了基础，掀起了新的智能硬件创新浪潮。

从 2012 年开始，借助智能手机终端和云端支持，越来越多的智能穿戴设备出现在人们生活中。智能硬件产业生态趋于完整，云服务平台崛起，初创企业开始通过预售和众筹模式进行创业创新，产业充满活力。健康医疗类智能硬件快速增长。随着人们对生活品质追求的不断提高，对个人健康管理需求的日益旺盛，智能体脂秤、智能手环 / 手表等硬件设备成了采集个人健康数据的重要工具。智能手环、智能手表能够反映人们日常生活中的锻炼、睡眠、饮食等实时数据，让人们可以实时地、数据化地了解自身情况。2013 年 12 月，咕咚网发布咕咚智能手环，该手环具有记录运动进程、睡眠质量、智能闹钟、定时提醒等功能。在智能手环领域，华为和小米两品牌的智能手环合计占市场份额的 70%，斐讯、乐心则分别位居第三、第四位。2015 年，有品推出智能体脂秤，之后小米、华为等企业进入这一市场。智能体脂秤可反馈人体信息数据，如体重、脂肪率、水分率、基础代谢率、肌肉量、骨盐量、蛋白质、BMI（身体质量指数）、身体得分、身体年龄等，将数据通过云端分析，在手机 App 中生成身体健康报告，并提供个性化的运动方案和饮食建议，使用户获得良好的健康服务体验。虚拟现实 / 增强现实技术的商业应用，日益广泛。

虚拟现实技术是融合三维显示技术、三维建模技术、传感测量技术和人机交互技术等多种前沿技术的综合技术，具有虚拟现实、增强现实和混合现实几种功能。虚拟现实技术和产品处于加速更新和升级阶段，目前的应用主要有三种模式：一是眼镜和手机配合使用模式，如三星 Gear、谷歌 Cardboard、暴风魔镜（2014 年 12 月发布）等；二是头盔和游戏机配合模式，如 Oculus CV、索尼 PlayStation、HTC Vive 等；三是一体机模式，如 Sim Lens 等。目前，眩晕感和交互性也有了较大改善。我国进入虚拟现实领域相对较晚，随着腾讯、阿里巴巴、百度、华为等企业的陆续进入，行业应用得以加速，市场需求逐步打开。比如，淘宝 2016 年推出的 VR 购物“Buy+”，可以让用户如同逛实体店一样网上购物，用户能 360 度视角观看商品，并能够体验虚拟试穿服务等。从竞争格局来看，初步形成了两大领先集团，一是以谷歌和三星为首的移动 VR 集团，它们借助智能手机平台优势搭建移动 VR 平台抢占规模优势；二是以 HTC、Oculus、索尼为首的主机 VR 集团。智能硬件云服务平台崛起。

在智能硬件领域，用户流量是核心关键资源，社交关系有助于形成产品的口碑传播，而这决定了智能硬件创业者后期商业模式的转化。不少智能硬件创业者选择依靠腾讯、京东等互联网公司大平台。2014 年 7 月，腾讯推出微信智能硬件平台，通过公众服务号接入的智能硬件，用微信来同步、管理不同智能硬件的数据，并将这些数据与微信社交关系连接，提供朋友圈分享等功能。2014 年 10 月，腾讯发布 QQ 物联智能硬件平台，在流量、服务、核心技术、云资源、大数据计算以及硬件创新服务体系等各方面，实施全方位的能力开放，这有助于降低云端、App 端等研发成本，并能提升用户黏性。2017 年 6 月，京东推出智能服务平台 Alpha，通过开放 Alpha Open API，以云端接入或定制化开发的方式，为冰箱、电视、音箱、汽车、机器人等多种硬件设备终端开放赋能，并支持第三方开发者的能力接入。虽然智能硬件创业者选择接入腾讯、京东等平台，能够获得平台在流量服务、社交传播等方面的支持，但是对智能硬件的创业者而言，也意味着丧失了智能硬件的部分控制权，一些创业者甚至认为依赖大平台 App 易于沦为单纯的硬件制造商，进而陷入低毛利率怪圈。

智能硬件初创企业借力预售和众筹电商平台。这一模式的典型企业是点名时间、京东众筹等，其也在这一阶段发展成熟。点名时间在 2011 年 5 月成立，最初主要做股权众筹，2014 年 7 月抛弃了众筹模式，转型为智能硬件首发平台和预售电商。在首发平台方面，点名时间集合国内外、线上线下销售渠道，帮助企业进行采购预订。在预售电商方面，在预售期内，渠道商家通过点名时间可以获得 3 ~ 5 折的市场价，早期用户可获得 5 ~ 7 折的抢先体验价。2014 年 7 月，京东众筹成立，它借助于京东的电商平台，为智能硬件创业者提供筹资与孵化平台。根据京东众筹提供的数据，截至

2017年6月底，京东众筹累计筹资额超过44亿元，共呈现出10000多个创新众筹项目，其中，千万元级项目80多个，百万元级项目近800个，众筹项目成功率超过90%。众筹模式的优势：在智能硬件的迭代研发或初试阶段，智能硬件创业者通过众筹平台可以获得有效的市场反馈及启动资金，利于早期的用户积累、品牌传播，并能解决资金问题。

2015年以后，随着智能硬件在技术、功能和模式上的不断更新迭代，语音交互、体感交互等成为提升用户体验的重要方向，智能家居、智能家电、服务机器人等纷纷出现，试图占领更多生活场景，与此同时，行业市场规模不断扩大。具备语音交互功能的智能硬件，成为智能家居的重要产品。触摸技术实现了交互方式从一维向二维平面的拓展，但其局限性在于手指必须接触屏幕表面，这限制了用户使用范围，因此，智能语音交互成为未来提升用户体验的重要方向之一。2015年，科大讯飞与京东共同出资成立的灵隆科技推出京东叮咚，京东叮咚搭载了科大讯飞的人工智能语音交互界面，优势在于依托AIUI功能，语音识别能力较好，且支持接入多个第三方应用平台。2017年7月，阿里巴巴推出了天猫精灵，天猫精灵搭载了阿里巴巴AI Labs的人机智能交互系统Ali Genie，其优势在于拥有较为安全的声波支付功能，绑定支付宝后可以进行语音购物。2018年3月，小米推出的小爱智能音箱，搭载小米的水滴平台（现升级为小爱开放平台）。用户通过说某个特定的词来唤醒智能音箱，之后便可以与音箱进行语音交互，进而实现零触控的交互体验。这些智能音箱大都搭载了自主学习算法，可以分析并学习用户的偏好、行为与习惯。小爱智能音箱的优势在于价格相对低廉，可以控制小米旗下的电视、扫地机器人、空气净化器、电饭煲等电器，并借助于米家智能插座、智能插线板、墙壁开关，对其他品牌的电器进行智能控制。在智能家居领域，小米生态链具有绝对优势，占据了智能家居市场份额前十名中的五位。随着语音交互、视觉图像交互、动作交互等技术的不断升级，服务机器人正在变得越来越贴合人类需求，如可借助深度摄像头识别面部表情，借助语音识别模块判断情绪，并可接入IBM Watson

（沃森）平台，提升自主判断与决策能力等。

3D 摄像技术的日渐成熟，助推三维体感交互。语音交互虽然能够解放人类双手，但仍有一定的局限性（如距离限制），对于远程拍照（航拍）、车载、游戏等领域，语音交互往往难以满足人们需求。目前一种可行的解决方法是采用三维摄像技术，它有助于实现视觉交互从二维平面向三维立体空间的拓展，可用于识别手势动作、人脸、虹膜等生物特征，提升生物识别的安全度。2017 年，高通推出了前置 iris 生物识别模组及高端计算机视觉摄像头模组。iris 生物识别模组主要用于虹膜识别，具有 40ms 的低延时，并能够支持活体检测。高端计算机视觉摄像头模组通过红外发光器发射出光束，IR 摄像头读取该光斑图案，对点状图在物体上发生的扭曲以及点与点之间的距离进行计算，进而与 RGB 图像进行复合，最后形成 3D 模型。这意味着搭载高通下一代处理器的智能终端能够实现 3D 人脸识别、虹膜识别功能。

租赁商业模式开启。一些智能硬件公司采用租赁模式来获得收益，这类典型硬件产品为共享单车、车载电子系统等。销售或者租赁这类智能硬件设备给用户，采用软件许可费、按时计费或按使用里程数计费等计费形式获得收益。

硬件为租赁服务的模式，往往需要持续拓展用户规模，优化用户使用体验。很多采用租赁模式的智能硬件企业并未抓住“提流速、强体验”这一核心，本质上仍是传统租赁模式在规模上的扩张。未来全景式智慧生活智能音箱将成为智能家居的重要入口。在智能家居场景，语音交互是比触摸交互更加自然的方式。智能音箱有望成为室内交互的智能终端。智能音箱可以通过接入开放平台，实现传统的听音乐、听书、操作家电等功能，还能够实现诸如网络购物、叫外卖、呼叫专车等日常服务。加上日益成熟的声纹识别技术，语音支付的安全性大幅提高。数据表明，2016 年智能音箱全球出货量达到 590 万台，预计到 2022 年全球出货量将增长 10 倍，市场规模达 55 亿美元。“运动跟踪 + 手势识别”将成为主流交互模式之一。

未来的智能硬件将不再有键盘和鼠标，用户不必再用手指接触屏幕，远距离就能够操作界面，人机交互体验将变得更自然。

随着三维摄像模块在移动芯片上的集成，具有运动跟踪和手势识别功能的硬件将越来越多。手势识别配合人工智能技术，能够很好地预判用户行为意图。比如，用户只要做出一个抓取的手势，便能够打开和放大用户所指向的某个虚拟物体。个人健康数据追踪将衍生新的商机。通过智能定位系统可以获得个人的全方位扫描信息，例如，人的位置、动作甚至是迟疑行为等，都可能被传感器捕捉与记录下来，进而通过数据分析精准预测个人的想法和行为。通过健康数据追踪，可以实时获取心跳频率、生物活动程度，从而帮助我们更深入地了解自身身体状况，借助健康大数据分析，进行个性化诊疗、推荐个性化的医药，未来甚至可以根据个体基因、生活方式，进行更高级的健康定制化服务。

5G 网络将大幅提升智能硬件的用户体验质量。与 4G 网络相比，5G 的数据吞吐量增加了 10 倍，通信容量增加了 100 倍，而延迟是此前的 1/10，这对于改善虚拟现实、增强现实等硬件设备的用户体验质量至关重要。5G 技术带来的低功耗，还将提升智能硬件设备的续航时间。云平台将给智能硬件营运提供敏捷化服务。云端提供了高可靠性计算、极快的速度及扩展弹性，而使用者却无须承担任何负担。云端的一个核心优势在于，其变得越强大，终端设备就会变得越来越小巧。云端负责所有的工作，而终端只是提供对接云端工作的窗口。在云端里，智能硬件运营商可以轻易地将诸如语音识别、图像识别等功能拓展到硬件上。智能硬件正在向智能家居、智能车载、智能可穿戴、健康医疗、无人机等领域不断拓展，并且新技术、新模式不断涌现，未来或将开启全景式智慧生活，这给人们以无限的想象空间。

第二节 智能硬件的发展趋势

智能硬件通过软硬件结合的方式，对传统设备进行改造，进而让其拥有智能化的功能。智能化之后，硬件具备连接的能力，可实现互联网服务的加载，形成“云+端”的典型架构，具备了大数据等附加价值。

从行业层面来看，智能硬件的整个市场规模仍在高速增长。2015年，智能硬件热门品类的销量已经破千万，并在智能家居、可穿戴设备等的带动下持续增长。同时，企业将不断整合核心能力，构建完整的智能生态链。

互联互通与交互方式的优化，将成为智能硬件产品发展的重点，而智能家居将继续成为热点发展领域。智能类产品的用户黏性与其实用性息息相关，简单、多样化的交互方式更能满足消费者需求。当前已经推广应用的场景化模式，可以让用户通过简单的触控或者语音操作直接触发智能家电的一系列预置动作，迅速、便捷地享受完整的智能生活。这种设备间的互联互通以及交互方式的变化，已经不再是单一智能产品可以完成的，带给用户的体验也是完全不同的。

一般来说，智能硬件产品的发展阶段分为监测、控制、“优化和自主”三个阶段。也就是说，智能硬件的发展，是从监测用户身体或家居指标，到控制家庭设备，最终到优化用户体验和实现自动执行命令的过程。目前，整个智能产品的发展，仍处于第二阶段，智能硬件不智能，要下载一堆App，难以互联互通的问题依然突出，这阻碍了产品的进一步普及。

据相关研究数据显示，在已经使用智能设备的用户当中，有超过35%的用户“非常依赖”他们的设备。对于可穿戴硬件等产品而言，这一数字远未到理想程度。比如，用户原以为手环类产品可以帮助其调整作息甚至减肥，但最终发现手环只能监测数据，不能精细化监测，也不能基于数据提供足够有用的健身计划。此时，数据实用性则成了一个新的问题。

同时，随着技术发展带来的智能化水平提升，智能硬件将逐渐趋于丰富多元化、渠道公开化、人性智能化和垂直细分化。丰富多元化主要指随着智能硬件的火爆，满足多样化需求的智能硬件产品层出不穷。渠道公开化主要是从线上、线下渠道融合角度来谈的。当前，线上渠道不再是初创硬件厂商更倾向的渠道选择，线下体验 +B 端渠道开拓更受重视，部分创新型企业甚至在设立之初就直接成立渠道拓展部。人性智能化主要表现为智能硬件不再创造需求，而是开始落地考察大众的真正需求，提供人性化的智能解决方案。垂直细分化则是面临当前智能硬件发展瓶颈时硬件厂商的解决之道，即在垂直细分领域开始探索解决方法，摸索适合细分领域受众人群的真正需求。

不过，智能硬件的发展已经成为一种必然趋势，随着平台、生态的逐步成型，以及像 VR 这样的新技术的不断发展与应用，智能硬件的未来更值得期待。随之而来的，将是越来越多消费者生活习惯的改变，以及智能生活时代的到来。

第三节　智能产品在各领域的应用

经历了技术驱动和数据驱动阶段，智能产品现在已经进入场景驱动阶段，并深入各个行业去解决不同场景的问题。此类行业实践应用也反过来持续优化着智能产品的核心算法，形成正向发展的态势。目前，智能产品主要在制造、家居、金融、零售、交通、安防、医疗、教育、物流等行业有广泛的应用。

一、制造

随着工业制造 4.0 时代的推进，传统制造业对智能产品的需求开始爆发，众多提供智能工业解决方案的企业应势而生。智能产品在制造业的应用可以分为产品研发阶段、生产阶段、销售阶段、售后服务阶段几个阶段。

在产品研发阶段，欧特克、西门子、PTC（美国参数技术公司）、达索等工业设计软件厂商都推出了创成式设计（Generative Design，GD）解决方案，本方案融合了人工智能及机器学习技术，设计者可定义特定的材料、设计空间、允许的载荷和约束及目标权重，该软件可自动计算几何解法，自行对产品进行尺寸、形状及拓扑优化，生成多种可选方案，让研发人员从中找出最优方案。通过创成式设计，研发人员可以专注于产品性能，减少重复工作。

在生产阶段，智能产品主要应用在视觉检测、无序分拣、柔性打磨等方面。

视觉检测：智能产品的应用可以帮助企业实现自动化检测，通过对产品进行拍照并建立模型，让机器在大量的照片中分辨怎样的照片是良品，怎样的照片是不良品，经多次训练后，机器可以自行对照片进行快速判断。这种方式可以将工程师的经验转化为深度学习算法，使之得到推广和应用。

无序分拣：融入智能产品之后，机器能够自行学习如何抓取不规则摆放的零件。通过机器视觉对物体进行识别定位，采用学习算法并经多次训练后，机器人可以判断在杂乱摆放的零件中应该先抓取哪一个，抓取哪个位置能够使抓取的成功概率最大。

柔性打磨：打磨零件需要很大的柔性，智能产品需要在打磨的过程中不断适应并调整打磨的力度和角度，从而建立力与机器末端轨迹的关系。通常，先采取不同的方式来示教打磨过程，然后根据示教过程中的传感器数据建立学习模型，最后将学习模型与智能产品的具体控制算法相结合，就能在机器上快速实现柔性打磨。

在销售阶段，基于机器学习模型对用户的购买习惯以及产品的属性进行深度学习，可以形成全面的知识图谱，在此基础上向用户进行个性化推荐，向销售商提供相关的生产与营销建议，这项技术的应用可以帮助企业提升销售额，同时，也能为用户节省挑选货物的时间。

在售后服务阶段，电梯厂商蒂森克虏伯公司在电梯维修中应用了 AR 技术，维修工人可以通过 AR 增强现实眼镜获得智能化辅助识别及远程技术支持，这极大地提高了维修效率。

从总体上来看，我国智能产业与现行制造体系的融合度偏弱，依旧需要在工艺、产线、产品、服务等层面开展大量应用实践，随着各项技术的发展，人工智能将极大地改变制造业的现状。

二、家居

家居产品和服务领域拥有广阔的市场和大量的创新机会。在全球范围内，智能产品在家居领域主要有五个方面。

第一，智能技术打造智能家电。通过人工智能技术丰富家用电器的功能，对家电进行智能化，并为各种音乐类智能辅助设备提供智能服务和类型的人工智能应用模式，是目前最受智能家居市场欢迎的。美国亚马逊的 Echo 音箱及其内配置的 Alexa 虚拟家居助手、Sectorqube 公司的 MAID Oven 智能厨房助手，以及 Sonos 公司的智能流媒体音箱，均在 2017 年国际消费电子展（CES2017）上备受好评。韩国 LG 公司的 PJ9 360 度悬浮蓝牙音箱可支持无线充电；三星公司的智能冰箱 Family Hub 内嵌 Tizen 智能系统，整合了诸如音乐播放器、内置拍照监控、日历查看等功能，实现了家电产品的物联网化。国内的小米、苏宁、美的等企业，都进军智能家电产业，积极布局智能空调、智能冰箱等产品，其中，美的冰箱携手阿里巴巴 YunOS 系统推出的“650 升双屏新款概念互联网冰箱”，使用了英特尔实感技术和英特尔 Haswell 高性能处理器，通过图像识别技术，记录食材种类和用户日常饮食数据，集合大数据云计算、深度学习技术，分析用户的饮食习惯，并通过对家庭饮食结构的营养分析，结合时令、体质特征等多种维度，给用户以较全面、较营养的健康膳食建议。这也是英特尔软硬件技术应用于智能家电的首个产品。

第二，人工智能技术助力家居智能控制平台。通过开发完整的智能家居控制系统或控制器，居住者能够智能控制室内的门、窗和各种家用电子设备，此类型的人工智能应用模式是大型互联网科技公司在智能家居领域角力的主赛场。从全球范围来看，谷歌于 2014 年收购了智能家居控制平台 Nest，其后苹果公司开发的 HomeKit 智能家居平台后来居上，借助 HomeKit，用户可以使用 iOS 设备控制家里所有兼容苹果 HomeKit 的配件，这些配件包括灯、锁、恒温器、智能插头等，最新发布的 HomeKit 已经可以兼容部分房屋建筑厂商的产品和服务。国内相继出现了海尔 U-home、京东微联、华为 Hilink、阿里智能、小米米家等家居智能控制平台，其中，我国创业企业物联传感携手华为在 2017 年最新推出的 Wulian 智能家居控制平台，可实现家居设备的联动管理和手势控制，检测和反馈 PM2.5、二氧化碳和噪声强度，同时实现语音播报、城市天气预报等功能。

第三，人工智能技术助推绿色家居。这一技术主要通过智能传感器、监测技术和云端数据库等来智能调节家中的水、电和煤气等资源的开关，并控制室外花园的水资源和土壤资源使用情况，达到居室能源绿色、高效利用和低碳节能环保的目的。此类型的人工智能应用模式有众多国外初创企业参与，在国内只有较少企业布局。美国初创科技公司 Ecobee 和 Rachio 的产品分别可以用来智能监控家居用电情况和草坪洒水情况，为用户家庭节省电能和避免水资源浪费，其中，Rachio 已经拿到亚马逊投资。我国很多公司也在进军绿色家居智能产品，并推出可以通过湿度和温度控制空调温度和开关状态以节约电能的智能温湿计。

第四，人工智能技术助力家庭安全和监测。利用人工智能传感器技术保障用户自身和家庭的安全，对用户自身健康、幼儿和宠物进行监测，此类型的人工智能应用模式数量最多且融资情况相对良好。家庭安全方面，美国 Vivint 公司推出了包括视频监控、远程访问、电子门锁、恶劣天气预警等在内的全套家庭安全解决方案，并通过将太阳能电池板整合进太阳能家庭管理系统，来提升能源使用效率；美国 Canary 公司和 August Home 公司则分别推出了智能安防摄像头和智能安保系列产品。家庭成员监测方面，美国 Snoo 公司开发的智能婴儿摇篮通过模拟母体子宫内的低频嗡嗡声哄宝宝入睡；Lully 公司和 Petcube 公司则专门研发了用于宠物或婴儿的智能传感监测设备，以方便用户通过智能手机随时查看婴儿和宠物的动态，这两家公司已分别推出了智能睡眠监测仪和智能宠物监测仪。

第五，人工智能应用于家居机器人。人工智能在家居机器人中的成熟形态包括陪护、保洁、对话聊天等场景，部分企业也开始试水功能更丰富的智能家居机器人。例如，美国初创公司 Mayfield Robotics2017 年发布的家居机器人 Kuri，能通过表情、眨眼、转动头部及声音回应主人，实现家居陪护、聊天的功能。韩国 LG 公司推出的多功能机器人管家 Hub Robot，使用人体造型设计，采用了亚马逊 Alexa 技术，能与用户房子里其他 LG 设备连接。小米公司开发的扫地机器人，能够自主探知障碍物和室内地形，实现对室内的自动化清洁。百度于 2017 年推出的智能对话机器人百度小鱼，搭载了百度对话式人工智能操作系统 DuerOS，可通过自然语言对话实现播放音乐、播报新闻、搜索图片、查找信息、设闹钟、叫外卖、闲聊、唤醒、语音留言等功能，小鱼机器人还可以通过 DuerOS 的云端大脑对其功能进行不断学习和优化。

三、金融

金融行业也是智能产品尤其是人工智能渗透最早、最全面的行业。一直以来金融行业差别化的服务都是基于“人”的服务。然而，近年来，如机器人等智能产品的出现，在一定程度上模拟了人的功能，批量而且更个性化的服务正尝试取代人的位置。随着互联网金融的兴起，计算机视觉、自然语言处理、机器人、语音识别等人工智能技术，在金融行业中得到了广泛应用。

（一）在银行服务领域中的应用

第一，征信助手。从传统金融到“互联网 + 金融”，无论是传统的信贷审批还是互联网产品，如P2P（互联网借贷平台）、现金贷等征信的收集，风险防控一直是银行类金融机构的重要课题。在过去，对贷款人的贷前识别、贷中监控、贷后反馈，一般会单纯地依靠大量信贷工作人员的实地考察，这就极大地增加了信用风险评估的片面性和失误性。目前，借助人工智能和大数据收集和认证客户信息，多渠道、多维度地获取客户信息数据，可实现智能化征信和审批，这极大地加快了银行信贷速度和限制了增量风险，减少了信息不对称的情况。传统银行信贷风控模型中，变量覆盖只有20～30个，而基于用户数据累计和人工智能技术建立的智能化风险控制体系模型，可超过万级单位。

澳大利亚证券及投资委员会（ASIC）、新加坡货币当局（MAS）、美国证券交易委员会等多家机构，已将AI（人工智能）引入风险管理。

第二，客户服务。在银行客户服务中，用户的咨询问题具有重复性特征。人工智能利用深度学习系统，通过前端客户数据收集，如对用户信息、行为动态等的捕捉，而后结合客户性别、年龄、爱好等进行多维度、标准化营销。一方面，各大银行通过推出可互动的高科技机器人代替大堂经理，提升客户体验，降低成本。例如，交通银行的“娇娇”、民生银行的“ONE”、农业银行的“智慧小达人”。另一方面，近年来中国建设银行、中国银行等多家银行先后建立“智慧银行”，颠覆了传统的银行模式。客户将在智能机器人的引导下办理各项业务，增强银行的科技感和服务的体验感。

（二）在投资顾问中的应用

相比传统的投资顾问，智能顾问通过机器学习与神经网络技术，能够通过数据分析处理、构建和完善模型，利用采集的经济数据，提供更加快速、可信、客观、可靠的投资方案。同时，人工智能还可以通过收集资料，进行数据分析，自动撰写各类报告。比如，招股说明书、行业研究报告、尽调报告和投资意向书等。投资顾问先行者Ken-sho能够在两分钟内基于历史数据判断历年来美国联邦储备系统加息前标准普尔和道琼斯指数的趋势，判断利好行业和潜力公司，而这在过去依靠人类分析师几天几夜都是很难达到的。花旗银行数据显示，从2012年到2015年年底，智能顾问管理资产规模从0发展到290亿美元，未来将高达5万亿美元。北京资配易投资顾问有限公司人工智能系统（SIAI），可根据市场信号判断买卖时机和仓位规模。除此之外，国内外还有京东金融推出的智投、小金所的机器人投资顾问等。

（三）在保险行业的应用

近年来，随着大数据、云计算、人工智能等新技术的发展和应用，保险业进入了一个更高效、更快捷的时代。一直以来在传统保险行业中存在着如何存储大量的纸质或者影像的保单、证照、票据等数据一大难题。据统计，一个100人的数据录入团队，一年的人力成本在200万～600万元。然而，人工智能通过参与大数据和深度算法，进行数据构造后，存储空间可节约90%。此外，如何对存储数据进行传输、搜索和剖析的问题也日益突出。而人工智能通过数据积累和算法迭代，可以为保险公司的产品定价提供精确数据。同时，通过机器识别参与保险理赔，可降低风险。目前，国内外多家保险公司已经开始布局人工智能。例如，泰康人寿保险智能机器人“TKer”、平安人寿“智能机器人”、合众人寿人工智能“小Ai”、太平洋保险智能运维机器人、弘康人寿引入“人脸识别技术”、日本富国生命保险人工智能平台“Watson Explorer”、台湾国泰人寿的“Pepper”等。

（四）在互联网金融领域的应用

互联网金融作为传统金融的补充，通过依托互联网技术和工具提供资金融通和支付结算等业务。目前，我国互联网金融发展经历了两个阶段。最初阶段，互联网金融仅仅只是为传统金融业务提供网络化服务，即把保险、理财、基金、信托等金融产品搬到网络进行营销。现在，互联网金融则覆盖第三方支付、P2P网络借贷、大数据金融、众筹和第三方金融服务平台等多种模式。首先，人工智能提高了互联网金融的效率。通过自动问答机器人实现智能客服，在过去的“双十一”期间，蚂蚁金服95%的客服均由智能机器人通过语音识别完成了远程客户服务、业务咨询和办理。其次，随着

《关于促进互联网健康发展的指导意见》《非银行支付机构网络支付业务管理办法》和《最高人民法院关于审理民间借贷案件适用法律若干问题的规定》等一系列政策的出台，不难发现，互联网金融在理财顾问、征信助手、智能风控和防范金融系统风险等方面被逐步规范化和法制化。例如，长期以来，由于缺乏有效的管理，信息安全、风险控制、资金调节等问题日益突出。根据《2016 年全国 P2P 网贷行业快报》，仅 2016 年 12 月，“跑路”的平台就有 69 家。人工智能的出现，可有效地进行监管，规避风险。根据阿里巴巴蚂蚁金服的数据显示，网上银行在花呗和微贷业务中将虚假信贷交易降低了 10 倍。利用 OCR（光学字符识别）系统，支付宝证件审批由 1 天缩短到 1 秒。百度利用大数据和人工智能实现了教育信贷秒批。

除了上述提到的人工智能被用于金融行业进行信用评估、客户服务、市场研究、预测分析等之外，人工智能还被应用于到贷款催收、企业财务和费用报告等方面。

四、零售

智能产品在零售领域的应用已经十分广泛，驱动着零售业的加速变革。

（一）智能停车和找车

停车场是购物中心的重要用户入口，已经有越来越多的购物中心开始布局智能停车模块，帮助用户解决“快速停车及找车”的问题。例如，阿里巴巴推出的喵街 App 中就包含了智能停车及找车模块，在购物中心应用非常广泛。

（二）室内定位及营销

在用户购物及浏览过程中，快速根据用户需求、物品位置实现精准匹配，是用户体验的核心环节。北京大悦城等商场已经实现了室内导航及定位营销，iBeacon（必肯，一种用于定位的技术）的技术解决方案颇受青睐，其基本原理是配备有低功耗蓝牙通信功能的设备或基站，使用蓝牙技术向周围发送自己特有的 ID（身份标识号），接受该 ID 的应用软件会根据该 ID

进行反应。

（三）客流统计

基于视觉设备、处理系统以及遍布店内的传感器，可以实时统计客流、输出特定人群预警、定向营销及服务建议（例如，VIP（贵宾）用户服务）以及用户行为及消费分析报告。例如，广州图谱网络科技有限公司，利用自身在计算机视觉技术的领先优势开发客流统计解决方案，通过对中心内消费者年龄、性别、着装风格等特征的洞察，加上对商城内部聚集热区的分析，为顺德容桂天佑城购物饮食娱乐广场的活动策划和招商部门提供客观数据佐证。

（四）智能穿衣镜

内置处理器和摄像头，能够动态识别用户的手势动作、面部特征及背景信息。不同于普通穿衣镜，智能穿衣镜可以为用户提供个性化的定制服务，增加用户实际购物体验。镜子提供的视频内容，还可以帮助零售商对商场内用户行为进行评估和分析。智能虚拟穿衣镜已经在Lily（女性时装品牌）、马克华菲等诸多品牌门店部署。

（五）机器人导购

机器人导购对消费者而言早已不是新鲜事。机器人销售员的优点很明显：成本低，能增加用户购物过程的趣味性，从而提升销售。缺点也很明显：商品识别精准度有待提升，人机对话精准度容易受到周围环境（如噪声）影响，语音、语义技术还不成熟。

（六）智能购物车

在超市，购物车是最为常见的硬件载体，它将生物识别技术与摄像头系统融合，可以提供人流量统计和人脸识别服务，零售商可以对智能手机下载的信息进行分析，并向顾客提供个性化的销售。

（七）自助支付

随着手机支付的普及，自助支付也将成为线下零售店的标配。自助收银机一般提供屏幕视频、文字、语音三种指引方式，使用门槛低，每6台自助收银机只需配1名收银员。除了银行卡、微信、支付宝等多样化支付方式接入外，刷脸支付等技术的支付手段也将逐渐引入。

（八）库存盘点

美国《华尔街日报》曾盘点最可能被机器人取代的十大工作，其中仓库管理员荣登榜首。德国公司 MetraLabs 在 2015 年推出和部署了带有 RFID（射频识别）功能的机器人 Tory，为德国服装零售商 AdlerModem rkte 提供库存盘点服务。Tory 通过传感器进行导航，边走边读取商品上附着的 RFID 标签。

（九）库存管理

对于零售商而言，管理库存是个巨大的挑战。理想的情况是，有正好的库存数量来满足顾客的需要。如果商品缺货，就会有顾客流失的风险；如果库存太多，资金流转就可能出现问题。而通过人工智能、机器视觉技术对顾客的购买行为、仓储物流行为、供应商供给行为等多个方面进行监测和分析，有利于确保合适的库存水平，避免出现滞销、脱销状况。另外，借助系统还能实现人员、商品、客户 24 小时在线化，达到动态即时化管理。

（十）店铺选址 / 货品选择

开店到底开在哪里更合适、开多大、覆盖多少人、进多少货、进什么样的货品会卖得更好，以前这些问题都是靠零售人员的经验来解决的，但是在智能商业时代，这些问题都可以用精准的算法来解决。就拿店铺选址来说，如需考察某一临街店面是否合适，可以将智能设备放在车内，进行 3 天的客流量统计，根据统计结果，就可以明确该位置是否适合开新店。

通过这些智能手段，还可以帮助销售业者制定更合适的营销策略。借助大数据动态分析和测算等方式，分析人口、交通、竞争对手、年龄、购买记录、偏好乃至天气等诸多影响因素，可以更深入、更细微地了解消费者的需求，从而实现更精准、更科学的决策。

（十一）调配商品流动

零售前端的实体业态背后，是一套复杂的智能零售系统，调配着商品以最快速度向消费者流动。整个系统连接用户和商品的时效性越高，体验就越好，流转的效率越高，成本就越低。

五、交通

智能交通系统（Intelligent Traffic System，ITS）是通信、信息和控制技术在交通系统中集成应用的产物。ITS 应用最广泛的地区是日本，其次是美国、欧洲等地区。目前，我国在 ITS 方面的应用主要体现在以下几个方面。

（一）道路交通监控

在地面道路交通流量大的交叉口，人流集中的路段、枢纽、场站等应用 ITS，监控中心可以实时观察各节点的交通情况。在常态下，可以减少交警巡逻出勤的辛劳，降低管理成本；异常情况下，可以在接警后的第一时间调取现场事件图像，为应急处置做充分准备，对降低管理人力成本、提高交通管理服务水平具有重大作用。

（二）电子警察、卡口

电子警察、卡口从美国的 ITS 框架上来讲，属于安全范畴。电子警察是为了规范交叉口、路段的交通安全驾驶秩序和规避事故的一种有效措施。卡口的意义更多的在于路线、片区的安全管理方面，属于城市安全运行和管理的范畴，广泛应用于城市规划等 OD（交通起止点）数据收集方面。

（三）交通信号控制

信号灯控制严格意义上来讲早于智能交通系统的出现，如今，除了在某些支路 - 次路相交、次路 - 次路相交以及其他流量很小的交叉口没有配置外，交叉口信号控制已经越来越成为城市道路交叉点的标准配置，它规范机动车、行人交通秩序、保障交叉口安全具有重要作用。

（四）交通信息采集和诱导

信息采集、诱导、发布是日本 ITS 发展的核心，通过收集实时的路网数据，处理成状态信息，用于车载导航为用户提供路况信息及路线选择。在这方面，国内目前实现得多的是采用 VMS 的形式发布、个性化的车载导航，在研究和示范中，交通信息采集和诱导在高架道路上的实施，给出行者选择路径起到很好的引导作用，在偶发性拥堵下，这种信息提供有助于驾驶员选择新的路径，避开拥堵，但是，常发性拥堵以及多选择路径同时拥堵情况下，效果不显著。从决策支持来看，交通数据的采集、积累，对于掌握城市交通出行规律、探索交通出行模式，有着很大的支撑和说服力。同时，交通信息采集和诱导，还可以为出行者提供交通参考，辅助他们交通路径的选择，能为管理者积累城市交通数据，从而为规划、管理提供决策支持。

（五）停车诱导

停车诱导其实属于交通信息采集和诱导的范畴，只是其目标很明确，就是诱导驾驶员寻找到合理的停车位，提高停车服务水平，同时，也能起到避免空驶、降低碳排放的效果。

（六）综合交通信息平台

综合交通信息平台，也就是各类交通信息汇聚的空间。因此，各地在建的综合交通信息平台，应该不同于建设的综合交通监控应急指挥系统，有些城市考虑到管理模式、系统等方面的问题，将其合二为一。综合交通信息平台，属于城市信息的一个分支，主要汇聚交通类的各种信息，并对其进行处理，为城市发展和管理提供依据。

（七）智能公共交通

智能公共交通即公共交通的智能化，主要提供公交车 GPS（全球定位系统）定位、实时掌握公交车辆在途信息、合理配车、公交站台实时车辆达到信息发布、网络及其他智能终端的公交换乘查询等信息服务。通常，智能公共交通主要为两类群体服务，一类是为公共交通运营商服务，通过掌握客流信息，合理安排发车间隔，最大化利用资源；一类是为公共交通出行者服务，提高出行者出行的便捷性和舒适度。

（八）不停车收费 ETC

据不完全统计，上海 ETC（电子不停车收费系统）专用道已接近 200 条，总断面平均覆盖率超过 60%，主要高速公路的出入口已全部布设 ETC 专用道，全市 ETC 用户数突破 20 万，工作日高速公路路网 ETC 日均流量超过 13 万辆次，占路网总流量的 20% 左右。ETC 在提升高速公路通行能力、改善收费口拥堵以及节能减排等方面，效果日益凸显。

（九）车联网

随着物联网的应用和推广，车联网技术也日益精进。目前，车联网技术主要集中在汽车生产商在通信技术方面的开发和应用上。随着车联网技术的不断发展和完善，车与车之间的沟通将更为顺畅，交通信息的获取和共享将更加便捷。

（十）被动安全

被动安全技术或者被动安全系统，是指通过外围设施的辅助控制来达到保护行人、驾驶人安全的技术，它能有效地降低发生安全事故的频率。常见的技术手段和系统有车内疲劳驾驶识别报警、车外防撞设施设置、安全避险提示等。

六、安防

安防领域涉及的范围较广，小到关系个人、家庭，大到跟社区、城市、国家安全息息相关。智能安防也是国家在城市智能化建设中投入比例较大的项目，预计 2017—2021 年，国内智能安防产品市场空间将从 166 亿元增长至 2094 亿元，可见智能安防具有广阔的发展空间。

智能安防包括服务的信息化、图像的传输和存储技术，一个完整的智能安防系统主要包括智能监控、智能门禁和智能报警三大部分。

（一）智能监控

智能监控通过有线、无线 IP（互联网协议地址）网络、电力网络把视频信息以数字化的形式来进行传输。只要是网络可以到达的地方，就一定可以实现视频监控和记录，并且这种监控还可以与很多其他类型的系统相结合。

因其采用计算机视觉的方法，智能监控在几乎不需要人为干预的情况下，通过对摄像机拍录的图像序列进行自动分析来对动态场景中的目标进行定位、识别和跟踪，并在此基础上分析和判断目标的行为，从而做到既能完成日常管理又能在异常情况发生的时候及时做出反应，因此，在安防领域智能监控大受青睐。

通常情况下，智能分析系统和智能分析服务器配合智能分析软件一起使用。

1. 目标探测

目标探测是智能分析技术实施的前提条件，是指前端产品智能识别人或物的行为，并对潜在的危险行为进行报警的一种功能。

越界探测：在监控范围内设置一条或多条固定的界限，当人或物越过界限时，会触发报警或执行某种设定好的动作。

移动探测：在监控范围内有物体移动时，触发录像、报警等功能，常用于无人值守的监控区域。

2. 图像分离

图像分离是指当前端智能系统感应到目标进入监控区域时，主动对目标图像进行分离解析的一种技术。

3. 行为分析

以数字化、网络化视频监控为基础，根据设置的某些特定规则，系统识别不同的物体，同时识别目标行为是否符合这些规则，一旦发现监控画面中的异常情况，系统能够以最快、最佳的方式发出警报并提供有用信息，从而更加有效地协助安全人员处理危机，最大限度地降低误报和漏报现象，切实提高监控区域的安全防范能力。行为分析检测对于应对和处理突发事件，作用尤显重要。

4. 目标跟踪

通过设置智能事件规则，对设定区域内触发事件的运动目标，在设定的跟踪时间内进行持续、稳定跟踪，并可在跟踪过程中手动切换跟踪目标。

5. 运动检测

运动检测是指在监控范围内，当系统捕捉到运动物体时触发录像、报警等的功能。运动检测具有数字化、智能化、集成化、可视化、标准化的特点，广泛应用于金融、交通、公安、消防、边防、监狱、自然灾害等各领域，能起到防患于未然和突发事件应急预警的重要作用。

6. 视频诊断

可以诊断出画面中包括信号丢失、对比度失真、图像模糊、图像过亮、图像过暗、图像偏色、条纹干扰、视频抖动等问题，同时发出报警信息，可以有效避免目前大量视频画面轮循时发生的漏报情况。

7. 流量统计

流量统计是指对过往行人和车辆进行智能识别、分析、统计的一种功能。该功能通过对画面中特定的区域，如大门、通道口等进出人数进行统计，最后得出进入人数量、离开人数量等统计数据，并根据客流数据进行各类分析。

8. 识别定义

根据实际情况需求，对监控区域的事物进行图像抓拍与分析，实时比对信息，进行快速、准确的黑名单报警。系统可基于大量数据，实现实时的黑名单比对以及快速抓拍库检索。该技术能广泛应用于交通车辆管理、公安情报、刑侦等部门。

（二）智能门禁

门禁系统是对出入口通道进行管制的系统，它是在传统的门锁基础上发展而来的。最近几年随着感应卡技术、生物识别技术的发展，门禁系统得到了飞跃式的发展，进入了成熟期，出现了感应卡式门禁系统、指纹门禁系统、虹膜门禁系统、面部识别门禁系统、乱序键盘门禁系统等各种技术系统，它们在安全性、方便性、易管理性等方面都各有所长，可以说是安防技术智能化的一种新尝试。

1. 生物识别技术

指纹识别门禁，是利用人体生物特征指纹来进行身份安全识别的，具有不可替代、不可复制和唯一性的特点，其采用高科技的数字图像处理、生物识别及DSP（数字信号处理）算法等技术，用于门禁安全、进出人员识别控制，是符合现代安防要求的新一代门禁系统。该技术以手指取代传统的钥匙及现有的IC（集成电路）、ID卡功能，利用人体指纹的各异性和不变性，为用户提供安全可靠的加密手段，使用时只需将手指平放在指纹采集仪的采集窗口上，即可完成开锁任务，操作十分简便，而且避免了传统机械锁、识别卡、密码锁等由于钥匙的丢失与盗用、识别卡的伪造或密码锁的破译所造成的损失，同时，系统还具有屏幕汉字显示功能，从而能增强门禁的防护作用，实现安全管理的功能。

虹膜识别是与眼睛有关的生物识别中对人产生较少干扰的技术，它使用相当普通的照相机元件，而且不需要用户与机器发生接触。另外，它有能力实现更高的模板匹配。因此，它吸引了各种人的注意。在所有的生物识别技术中，虹膜识别是当前应用最为方便和精确的一种。虹膜识别门禁具有准确性、抗欺骗性、实用性的特点。

面部识别是根据人的面部特征来进行身份识别的技术，包括标准视频识别和热成像技术两种。受安全保护的地区，可以通过面部识别辨识试图进入者的身份。面部识别系统可用于企业、住宅安全和管理。

标准视频识别是透过普通摄像头记录下被拍摄者眼睛、鼻子、嘴的形状及相对位置等面部特征，然后将其转换成数字信号，再利用计算机进行身份识别的一种技术。标准视频识别是一种常见的身份识别方式，现已被广泛应用于公共安全领域。

热成像技术主要通过分析面部血液产生的热辐射来产生面部图像。与标准视频识别不同的是，热成像技术不需要良好的光源，即使在黑暗的条件下也能正常使用。

2. 移动互联技术

基于移动互联技术的发展，各种各样的传统产品被快速互联网化，手机门禁近年来开始走进人们生活。现代人都手机不离身，用手机开门无疑是最方便不过的了。把开门功能集成到手机上，省去了带门卡的烦琐，更直接避免了因忘带门卡无法进门的困扰。

手机开门需要在手机上安装一个 App，无须连网，大部分产品支持蓝牙和无线连接，通过消息交互双向完成。除此之外，系统采用的类移动支付加密技术，使得被授权手机拥有独立、无法被复制的“钥匙”信息，轻轻一点或者摇一摇就可以打开大门。

3. 非接触式 RFID 技术

手持一张 IC 卡，刷卡进门已经不是什么新鲜事儿了，这就是 RFID 技术于智能门禁系统最好的应用。基于非接触式 RFID 技术的智能门禁管理系统，采用非接触式读写系统识别电子标签，以判断用户是否具有通行权限，实现智能化的人员进出管理，RFID 智能门禁是安防系统的重要组成部分，在各种场所的应用已经非常普及。

门禁系统的智能化标志着安防产业的又一个里程碑的确立。在新技术的支持下，智能门禁产品或者说整个安防行业的移动互联化趋势将会越来越明显。

（三）智能报警

智能报警系统采用物理方法或电子技术，自动探测发生在布防监测区域的侵入行为，产生报警信号，并辅助提示值班人员发生报警的区域部位，显示可能采取的对策系统。智能报警系统是预防抢劫、盗窃等意外事件的重要设施。一旦发生突发事件，就能通过声光报警信号在安保控制中心准确显示出事地点，以便于迅速采取应急措施。

智能技术与安防的结合不单单是技术的发展与进步，也是推动社会安全化的有力举措。智能化安防技术对于人们的生活将产生越来越深刻的影响，没有安防技术，社会就会显得不安宁，社会经济发展就会受影响。

七、医疗

近年来，智能技术与医疗健康领域的融合不断加深，随着人工智能领域语音交互、计算机视觉和认知计算等技术的逐渐成熟，智能产品的应用场景越来越丰富，人工智能技术也逐渐成为影响医疗行业发展、提升医疗服务水平的重要因素。其应用技术主要包括语音录入病历、医疗影像辅助诊断、药物研发、医疗机器人、个人健康大数据的智能分析等。

（一）基于计算机视觉技术对医疗影像智能诊断

人工智能技术在医疗影像的应用，主要指通过计算机视觉技术对医疗影像进行快速读片和智能诊断。医疗影像数据是医疗数据的重要组成部分，人工智能技术能够通过快速、准确地标记特定异常结构来提高图像分析的效率，以供放射科医师参考。提高图像分析效率，可让放射学家腾出更多的时间聚焦在需要更多解读或判断的内容审阅上，从而有望缓解放射科医生供给缺口问题。

（二）基于语音识别技术的人工智能虚拟助理

电子病历记录医生与病人的交互过程以及病情发展情况，包含病案首页、检验结果、住院记录、手术记录、医嘱等信息。语音识别技术为医生书写病历及普通用户在医院导诊提供了极大的便利。通过语音识别、自然语言处理等技术，将患者的病症描述与标准的医学指南作对比，能为用户提供医疗咨询、自诊、导诊等服务。智能语音录入可以解放医生的双手，帮助医生通过语音输入完成查阅资料、文献精准推送等工作，并将医生口述的医嘱按照患者基本信息、检查史、病史、检查指标、检查结果等形式形成结构化的电子病历，大幅提升了医生的工作效率。

（三）从事医疗或辅助医疗的智能医用机器人

医用机器人种类很多，按照其用途不同，有临床医疗用机器人、护理机器人、医用教学机器人和为残疾人服务的机器人等。随着我国医疗领域机器人应用的逐渐被认可和智能医用机器人在各诊疗阶段应用的普及，医用机器人尤其是手术机器人已经成为机器人领域的“高需求产品”。在传统手术中，医生需要长时间手持手术工具并保持高度紧张状态，手术机器人的广泛使用则对医疗技术有了极大提升。手术机器人视野更加开阔，手术操作更加精准，有利于减小创伤面和失血量，减轻疼痛，患者伤口愈合等。

（四）分析海量文献信息，加快药物研发

人工智能助力药物研发，可大大缩短药物研发时间，提高药物研发效率并控制研发成本。目前，我国制药企业纷纷布局 AI 领域，主要应用在新药发现和临床试验阶段。对于药物研发工作者来说，他们没有时间和精力关注所有新发表的研究成果和大量新药的信息，而 AI 恰恰可以从这些散乱无章的海量信息中提取能够推动药物研发的知识，提出新的可以被验证的假说，从而加速药物研发的过程。

（五）基于数据处理和芯片技术的智能健康管理

通过人工智能的应用，健康管理服务也取得了突破性的发展，尤其以运动、心律、睡眠等检测为主的移动医疗设备发展较快。通过智能设备进行身体检测，血压、心电、脂肪率等多项健康指标能快速被检测出来，将采集健康数据上传到云数据库，形成个人健康档案，并通过数据分析可以建立个性化健康管理方案。同时，通过了解用户个人生活习惯，经过 AI 技术进行数据处理，可对用户整体状态给予评估，并建议个性化健康管理方案，辅助健康管理人员帮助用户规划日常健康安排，进行健康干预等。依托可穿戴设备和智能健康终端，可持续监测用户生命体征，提前预测险情并予以处理。

八、教育

在一些教育项目中，智能产品、人工智能的应用也初见端倪。2016 年 1 月，美国佐治亚理工学院计算机学院的教授借助 IBM 的 Watson 人工智能系统，成功创建了一个在线机器人 Jill Watson，并将其作为课程教学助理，其目的是帮助教师回答学生通过在线论坛提出的大量课程问题。通过几个月的反复调试，Jill Watson 的回答已经能够达到 97% 的正确率。现在，机器人助教已经可以直接与学生沟通，而不需要真人助教的帮助。这项人工智能在教育中的应用，帮学校摆脱了因缺少助教而难以及时回答学生提问的困境，增加了学生参与在线学习的兴趣，提高了学生在线学习的留存率。

早在 2013 年，就有人提出了人工智能在教育领域应努力解决的“五大

挑战”：第一，为每一个学习者提供虚拟导师，无处不在地支持用户建模、社会仿真和对知识表达的整合；第二，解决21世纪技能，协助学习者自我定位、自我评估、团队合作等；第三，交互数据分析，对个人学习、社会环境、学习环境、个人兴趣等大量数据进行汇集；第四，为全球课堂提供机会，增加全球教室的互联性与可访问性；第五，终身学习技术，让学习走出课堂，进入社会。

如今，教育行业三种类型（内容、平台和评估）的服务商都在经历着一场变革：内容出版商面临纸质印刷到数字出版和开放教育内容的挑战；学习平台正试图区分自适应、个性化和数据分析的功能；评估供应商则继续探寻从多项选择题测试转向更具创新性的问题类型。智能产品将为这三种类型教育服务商带来新的发展思路和契机，同时也将惠及教育生态系统中所有的利益相关者。学生通过即时反馈和指导提高学习效率，教师将获得丰富的学习分析和个性化指导经验，父母能够低成本地为孩子改进职业前景，学校能够规模化提高教育质量，政府能够提供负担得起的教育。

（一）批改作业

批改作业和试卷是一件乏味的工作，通常会占用教师大量的时间，而这些时间本可以更多地用于与学生互动、教学设计和专业发展。

目前，人工智能批改作业已经相当接近真人教师了，除了选择题、填空题外，作文的批改能力已经大幅提高。美国的斯坦福大学已经成功开发出一种机器学习程序，能够批改8年级到10年级的作文。随着图像识别能力的大幅提高，手写答案的识别也接近可能。就连占有美国标准化考试60%市场份额的全球最大教育企业——培生公司也认为，人工智能已经可以出现在教室并提供足够可信的评估。据培生公司近期的报告推测，人工智能软件所具有的广泛的、定制的反馈能够最终淘汰传统测试。

（二）实现一对一辅导

自适应学习软件已经能为学生提供个性化学习支撑。据2011年的一项研究发现，人工智能在某些特定主题和方法上比未经训练的导师更具有效性。进一步研究发现，人工智能导师能在学生出错的具体步骤上给予实时干预，而不是就整个问题的答案给予反馈。

自适应学习在拉美地区正在兴起，一些地区的市政学校学生已经开始使用人工智能软件 Geekie 观看在线课程（视频和练习）。Geekie 为学生提供每一步的实时反馈，并随着学习的进展传授更为精细的课程内容。

（三）关注学生情感

2016 年，地平线报告高等教育版把情感计算列为教育技术发展普及的重要方向。也就是说，人工智能不仅局限于模拟人类传递知识，还能通过生物监测技术（皮肤电导、面部表情、姿势、声音等）了解学生在学习中的情绪，适时调整教育方法和策略。例如，机器人导师捕捉到学生厌烦的面部表情时，就可以立即改变教学方式努力激发他们的兴趣。这种关注情感的人机交流，为学生营造了一个更真实的个性化学习环境，更好地维持了学习者的动机。美国匹兹堡大学开发的 Attentive Learner 智能移动学习系统，就能通过手势监测学生的思想是否集中。突尼斯苏斯国家工程学院的研究人员也正在研究开发基于网络的人工智能教学系统。该系统能够识别学生在任何地方开展科学实验的面部表情，以优化远程虚拟实验室的教学过程。进一步的研究发现，人工智能还可以关注学生的心理健康。当前已经有使用人工智能来为自闭症儿童提供有效支持的案例。例如，伦敦知识实验室已经在部分小学开展试验，让自闭症学生与半自动虚拟男孩安迪开展互动交流，经过一段时间，研究人员发现患有自闭症的学生在社交能力方面有显著的进步。

（四）改进数字出版

教科书等课程材料并非总是完美的，传统的印刷出版让课程材料的修订变得过于缓慢。这不仅是生产工艺的问题，更主要的是纸质课程材料无法快速获取使用者的反馈来识别缺陷所在方面的原因。而数字化出版在人工智能的支撑下，能彻底改变这一现状。

人工智能可帮助使用者快速识别课程缺陷。大规模网络开放课程

Coursera 的提供者已经将这一想法付诸实践。当发现大量学生的作业提交了错误答案时，系统会提示课程材料的缺陷，进而有助于弥补课程的不足。

另一项人工智能在数字化出版方面的应用，是自动化组织和编写教材。这是基于深度学习系统能模仿人类的行为进行读和写实现的。Scott R. Parfitt 博士的内容技术公司 CTI 就依据这项技术帮助教师定制教科书《教师导入教学大纲》，CTI 的人工智能引擎能自动填充教科书的核心内容。

随着自然用户界面和自然语言处理在人工智能领域的成熟应用，课程材料的数字化出版也会有更新的形态——不再局限于书本或网页的形式，聊天机器人和虚拟导师将成为内容表达的更好方式。

（五）作为学生

多年的研究表明，教会别人才是更好的学习，即 learning-by-teaching。美国斯坦福大学教育学的教授正是基于这一理念来开发新的人工智能产品。他们联合多个领域的专家一起开发了人工智能应用——贝蒂的大脑（Betty's Brain），让学生来教贝蒂学习生物知识。试点研究发现，使用这一方法来学习的学生比其他学生成绩更好，且在科学推理上也更胜一筹。类似的研究和开发还有瑞典隆德大学的 Time Elf 和美国卡耐基梅隆大学的 Sim Student，这两个人工智能产品也是基于 learning-by-teaching 理念而开发的，能让学生在教会机器人知识的过程中深化对知识的理解。

另外，人工智能产品还推动了其他教育方法和技术更好地实现。例如，虚拟现实学习环境更具沉浸感、给学生带来更多动手实践的机会、提供基于丰富学习分析的仿真和游戏化学习场景等。

九、物流

物流行业通过利用智能搜索、推理规划、计算机视觉以及智能机器人等技术，在运输、仓储、配送装卸等流程上已经进行了自动化改造，能够基本实现无人操作。

人工智能产品应用在现代物流工作的物理需求方面也能提供诸多方便，

机器人、计算机可视系统、会话交互界面以及自动运输工具等都是其在物流运营中的实际体现，这一系列新工具的应用充实、壮大了现有的工作力量，基本上实现了物流货物的可视化、互动化和智能化。

（一）智能机器人分拣

对信件、包裹甚至码垛货物进行高速、有效分拣，是现代包裹和快递运营商最重要的本职工作之一。近期，中外运－敦豪国际航空快件有限公司获得专利的“小型高效自动分拣装置”就利用了部分图像识别技术，在进行快件分拣的同时自动获取数据，并对接相应的系统进行数据上传。

（二）运单识别

AI 和机器人过程自动化技术（RPA）相结合下的自动化智能业务处理技术，通过将软件机器人整合至现有的商务应用和 IT（信息技术）系统，可以实现传统人工文书工作的替代。利用计算机图像识别、地址库和卷积神经网络提升手写运单机器有效识别率和准确率，可大幅度地减少人工输单的工作量和降低差错的可能性。

（三）财务异常情况检测

物流企业核心业务正常运转往往高度依赖于公共运输业者、分包商、包机航空公司等第三方供应商，因而其财务会计团队每年需要处理上百万张来自供应商及合作伙伴的发票，背负着巨大的业务压力。自然语言处理技术能够从成堆的发票中“抽丝剥茧”，提取发票金额、账户信息、日期、地址等关键信息。RPA（实景角色演绎）机器人可以将数据进行分类，然后输入现有的财会软件，这样就可以生成订单、执行付款并向客户发送确认电子邮件，整个过程无须人工干预。

（四）认知型海关申报

使用 AI 对海关申报流程进行优化和自动化也是一个趋势。以往海关申报的主要问题在于过度依赖复杂的人工处理，相关工作人员需要熟知法律法规，并且十分了解行业及客户信息，以事无巨细地对各类内容和条文进行交叉验证与反复确认。

（五）货物损坏监测

在物流行业，货物灭失或磨损是不可避免的问题。IBM Watson 通过对货运列车进行追踪拍摄，成功实现了对货物损坏情况的识别和分类，并能够采取适当措施进行修复。具体来说，是先将照相机沿火车轨道安装，以收集经行火车车厢的图像，然后自动上传到 IBM Watson 图像存储区，由 AI 图像分类器识别损坏的货车组件。

（六）业务峰值预测

DHL 国际快递公司开发了一种基于机器学习的工具来预测空运延误状况，以预先采取缓解措施。通过对其内部数据的 58 个不同参数进行分析，这一机器学习模型能够提前一周对特定航线的日平均通行时间进行预测。此外，它还能确定导致运输延误的主要因素，比如是出发日之类的时间因素，还是航空公司准时率等方面的运营因素，有助于空运代理商提前进行科学计划，而不是只凭主观猜测。

（七）设备维护预测

通过物联网的应用，在设备上安装芯片，可实时监控设备运行数据，并通过大数据分析做到预先维护，增长设备使用寿命。随着机器人在物流环节的使用，这将是未来应用非常广的一个方向。例如，沃尔沃就在物流车辆设备上安装了芯片，通过数据分析对车辆进行提前保养。

（八）网络及路由规划

利用历史数据、时效、覆盖范围等构建分析模型，对仓储、运输、配送网络进行优化布局，如通过对消费者数据的分析，提前在离消费者最近的仓库进行备货。甚至可实现实时路由优化，指导车辆采用最佳路由线路进行跨城运输与同城配送。

（九）仓库地址选择

人工智能技术能够根据现实环境的种种约束条件，如顾客、供应商和生产商的地理位置、运输经济性、劳动力可获得性、建筑成本、税收制度等，进行充分的优化与学习，从而给出接近最优解决方案的选址模式。

第二章　IoT的安全分析研究

第一节　IoT技术架构分析

物联网是新一代信息技术的重要组成部分，也是“信息化”时代的重要发展阶段，其英文名称是Internet of things（IoT）。顾名思义，物联网就是物物相连的互联网。这有两层意思：其一，物联网的核心和基础仍然是互联网，是在互联网基础上延伸和扩展的网络；其二，其用户端延伸和扩展到了任何物品与物品之间，进行信息交换和通信，也就是物物相息。物联网通过智能感知、识别技术与普适计算等通信感知技术，广泛应用于网络的融合，也因此被称为继计算机、互联网之后世界信息产业发展的第三次浪潮。物联网是互联网的应用拓展，与其说物联网是网络，不如说物联网是业务和应用。因此，应用创新是物联网发展的核心，以用户体验为核心的创新2.0是物联网发展的灵魂。

一、物联网的发展历程

1999年，美国麻省理工学院Auto-ID实验室首先提出了物联网概念，指出物联网是建立在RFID等信息传感设备与互联网的基础上，得以实现智能化识别和可管理的网络。2005年，国际电信联盟（ITU）发布的物联网报告中对物联网定义进行了扩展，指出信息与通信技术已经发展到连接任何物品的阶段，万物互联形成物联网。国际上物联网暂无统一标准定义，但业内对于物联网的通用定义是基于物品与互联网的连接，通过包括 RFID、红外感应器、GPS、激光扫描器、环境传感器等在内的信息传感设备，按照约定的协议进行通信，从而实现智能化识别、定位、跟踪、管理等功能的网络。

物联网具备“全面感知”“可靠传递”及“智能处理”三大特征，也就是通过传感设备获取物体信息，再通过通信网络和互联网的结合实时准确地将信息传递出去，利用云计算等智能技术对海量的信息和数据进行处理，从而实现对物体的智能化控制。

2003 年，美国《技术评论》提出传感网络技术将是未来改变人们生活的十大技术之首。2005 年 11 月 17 日，在突尼斯举行的信息社会世界峰会（WSIS）上，国际电信联盟（ITU）发布《ITU 互联网报告 2005：物联网》，引用了“物联网”的概念。物联网的定义和范围已经发生了变化，其覆盖范围有了较大的拓展。

2008 年后，为了促进科技发展，寻找新的经济增长点，各国政府开始重视下一代的技术规划，将目光放在了物联网上。在中国，2008 年 11 月在北京大学举行的第二届中国移动政务研讨会“知识社会与创新 2.0”，提出移动技术、物联网技术的发展代表着新一代信息技术的形成，并带动了经济社会形态、创新形态的变革，推动了面向知识社会的以用户体验为核心的下一代创新（创新 2.0）形态的形成，创新与发展更加关注用户、注重以人为本。而创新 2.0 形态的形成，又进一步推动了新一代信息技术的健康发展。

2009 年 8 月 7 日，中央领导在江苏无锡调研时，对微纳传感器研发中心予以高度关注，提出了把传感网络中心设在无锡、辐射全国的想法。中央领导指出：在传感网络发展中，要早一点谋划未来，早一点攻破核心技术，在国家重大科技专项中，加快推进传感网络发展，尽快建立中国的传感信息中心，或者叫“感知中国”中心。江苏省委省政府接到指示后认真贯彻落实，突出抓好平台建设和应用示范工作，并迅速形成了研发安全感与产业突破的先发优势。无锡市则作出部署：举全市之力，抢占新一轮科技革命制高点，把无锡建成传感网信息技术的创新高地、人才高地和产业高地。

2009 年，无锡传感网中心的传感器产品在上海浦东国际机场和上海世博会成功应用，首批价值 1500 万元的传感安全防护设备销售成功，这套设备由 10 万个微小的传感器组成，散布在墙头、墙脚、墙面和周围道路上。传感器能根据声音、图像、振动频率等信息分析、判断爬上墙的究竟是人还是猫、狗等动物。多种传感手段组成一个协同系统后，可以防止人员的翻越、偷渡、恐怖袭击等攻击性入侵。由于其效率高于美国和以色列的防入侵产品，中国民用航空局正式发文要求，全国民用机场都要采用国产传感网防入侵系统。至 2009 年 8 月，仅浦东机场直接采购传感网产品金额就达 4000 多万元，加上配件共 5000 万元。据调查，若全国近 200 家民用机场都加装防入侵系统，将产生上百亿元的市场规模。

2009 年 10 月 24 日，在中国第四届中国民营科技企业博览会上，西安优势微电子公司宣布：中国的第一颗物联网的中国芯——“唐芯一号”芯片研制成功，中国已经攻克了物联网的核心技术。“唐芯一号”芯片是一颗 2.4G 超低功耗射频可编程片上系统 PSoC，可以满足各种条件下无线传感网、无线局域网、有源 RFID 等物联网应用的特殊需要，为我国物联网产业的发展奠定了基础。“与计算机、互联网产业不同，中国在‘物联网’领域享有国际话语权！”中科院上海微系统与信息技术研究所副所长、中科院无锡高新微纳传感网工程中心主任刘海涛自豪地说。

2015 年之后，国家对物联网的重视度开始增强，支持政策和资金开始介入，物联网行业前景进一步拓展，预计到 2020 年物联网技术将叠加 5G 成为主流信息技术，而在 2025 年和 AI 技术配合将成为重要的生活参与技术。

我国物联网行业主要分布在珠三角、长三角和环渤海经济带，这些地区资金实力雄厚，配有完善的基础设施，同时也是我国人口密度最大的地区，为物联网的发展提供了技术、人力、物质基础，这也和物联网研发需要投入大量的资金和技术有关。近年来，中部地区 IC 行业快速发展，在物联网领域后来居上，尤其是在物联网芯片技术上，中部地区处于领先地位。

2017 年 6 月，我国发布《关于全面推进移动物联网（NB-loT）建设发展的通知》，其中提出电信企业要加大 NB-loT 的部署力度，要求 2017 年年底实现 40 万个 NB-loT 基站目标，2020 年实现全国普遍覆盖和深度覆盖，基站规模要求达到 50 万个。

二、物联网的架构

物联网的价值在于让物体也拥有“智慧”，从而实现人与物、物与物之间的沟通，物联网的特征在于感知、互联和智能的叠加。根据数据流向和处理方式，可将物联网分为传感层、网络层以及应用层三个层次。

传感层：传感层的功能是感知、识别物体或环境状态并且实时采集、捕获信息，它由二维码标签、识读器、RFID 标签、读写器、摄像头、GPS、传感器、计量器等器件以及 M2M（物与物）终端、传感器网络和传感网关等构成，通过传感器获取信息，并通过接收网关获得控制命令。物联网在传感层所面临的挑战是如何使传感器更敏感、拥有更全面的感知能力并且具备低功耗、体积小及低成本的属性。

网络层：通过无线或有线的通信方式接入网络，如互联网、电信网等通信网络，实现信息在传感层与应用层之间的传递。网络层要具备网络运营和信息运营的能力，网络层中也包括对海量信息进行智能处理的部分，如云计算平台、物联网管理中心等。网络层所面临的挑战是大规模 M2M 连接对系统容量及 QoS（服务质量）带来的特别要求。

应用层：应用层的功能是实现物联网信息技术与终端行业专业技术的深度接触，完成物体信息的协同、共享、分析、决策等，从而形成智能化应用解决方案。它由包括电脑、手机等终端组成的输入输出控制终端组成。应用层所面临的挑战是信息共享及信息安全问题。

三、物联网关键基础性技术

万物互联的基础在于数据的传输，而根据传输速率的不同，物联网业务可分为高速率、中速率及低速率业务。其中，高速率业务主要使用 3G、4G 及 Wi-Fi 技术，主要应用于监控摄像、数字医疗、车载导航和娱乐系统等对实时性要求较高的业务；中速率业务主要使用 2G（GPRS）技术等，主要应用于 POS（销售终端）、智慧家居、储物柜等高频使用但对实时性要求低的场景；低速率业务，即 LPWAN（低功耗广域网）市场主要使用 NB-IoT、LoRa、短距无线技术等，主要应用于传感器、计量表、智慧停车、物流运输、智慧建筑等使用频次低但总数可观的应用场景。

与传统蜂窝通信的需求不同，目前占物联网市场 60% 以上的是带宽低于 100kb/s 的低速率、低功耗、广域应用，这类应用需要物联网具有支持海量连接数、低终端成本、低终端功耗和超强覆盖能力等的能力。传统的接入手段，如 Wi-Fi、Zig Bee、蓝牙等的传输距离太短，要通过用户手机、中继网关或 AP 点将数据送至基站，会导致数据准确率低、功耗较高的问题。而 2G/3G/4G 网络虽然可用于低数据量传感器数据的传输，但成本和功耗都比较高。为了推动物联网向低成本、低功耗领域发展，新型窄带物联网技术的研发在近几年被提上日程。

（一）LPWAN

目前，LPWAN 技术被分为授权频段的广域网技术及非授权频段的广域网技术两类，不同的 LPWAN 技术在接入网络、部署方式、技术特点、功耗性能及服务模式上都有所差异。授权频段的广域网技术包括核心标准协议被 3GPP 通过的 NB-IoT 以及由 LTE 技术演进而来的 eMTC；非授权频段广域网技术包括 Sigfox、LoRa 等。

全球电信运营商为了推进物联网发展，一方面在现有移动通信网的基础上不断优化网络能力，另一方面不断研究和加速部署新兴网络。遍布中国、韩国、欧洲、中东及北美的多家运营商，加速部署 NB-IoT，并早已全面展开试点工作，开启端到端的技术和业务验证，2017年有望迎来全球运营商NB-IoT的大规模部署。而来自美国的Comcast、韩国的SKtelecom、印度的塔塔通信，则通过LoRa技术快速建网，抢占物联网市场。部分行业企业也通过自建专网方式提供物联网服务，对于公用事业行业用户而言，使用LoRa、Sigfox等技术建网，可实现部署简单、组网灵活、服务成本低等优势。例如，德国电力、燃气供应商E.ON计划在德国数个城市组建LoRa网络，电力商ENGIE和物联网运营商UnaBiz也在2016年7月宣布了在新加坡组建基于Sigfox技术的网络部署计划。

1.Sigfox：物联网独立建网的先驱，既是标准制定者，也是网络运营商

Sigfox是一家法国窄带物联网公司，成立于2009年。该公司希望使用旗下的Sigfox技术建立第一个仅供用于物联网的全球蜂窝连接公司，其基础设施完全独立于现有的电信网络。从接入网络上来看，Sigfox技术工作在1GHz以下的免许可ISM射频频段、频率根据国家法规有所不同，在欧洲广泛使用868MHz，在美国则使用915MHz，每个载波占用100Hz。Sigfox网络中单元（基站-终端）的平均传输距离在3～10km。Sigfox的网络拓扑可扩展且容量高，基于点对点和星型单元的基础设施也相对简单与易于部署。

从技术特点上来看，Sigfox使用标准的二进制相移键控（BPSK，Binary Phase Shift Keying）的无线传输方法，采用非常窄的频谱改变无线载波相位对数据进行编码。这使得接收器可以仅用很小一部分的频谱侦听，减少了噪声的影响。Sigfox有双向通信功能，通信往往是从终端到基站向上传送比较容易，但从基站回到终端其性能则是受限制的，这是因为终端上的接收灵敏度不如基站。

从功耗和性能上来看，Sigfox网络设备仅消耗50～100微瓦的功率。相比较而言，2G/3G模块需要的功率约为5000微瓦。具体来说，Sigfox的终端通信模块只在有载荷要传输的情况下才联网，睡眠模式和待机模式下仅靠内部电池工作时间可长达20年。对应低功耗的是较低的数据传输能力，每个终端每天发送140条消息，每个消息12Byte（96bit），终端的设计无

线吞吐量为 100bit/s，达到了大多数低功耗广域物联网应用的需求。

从成本和市场推广上来看，Sigfox 使用的通信芯片成本低于 1 美元，每个基站可以连接 100 万个终端。据估算，仅需建设 1 万个基站其网络就可以覆盖整个美国，建成覆盖全球的物联网仅需数百亿欧元。目前，Sigfox 已完成 5 轮融资，在 29 个国家建有应用网络，覆盖面积 170 万平方千米，已成为近几年融资金额最高、影响力最广的物联网创业企业之一。

2.LoRa：低功耗、私有物联网的建网首选

LoRa（Long Range）是由美国 Semtech 公司于 2013 年推出的基于长距低功耗数据传输技术开发的窄带物联网。LoRa 采用线性扩频调制技术，其通信距离可达 15km 以上，空旷地方甚至更远。相比其他广域低功耗物联网技术（如 Sigfox），LoRa 终端节点在相同的发射功率下可通信的距离更远。

从接入网络上来看，LoRa 系统为非授权频段技术，主要工作在 1GHz 以下免许可频段，在欧洲常用频段为 433MHz 和 868MHz，在美国常用频段为 915MHz。LoRa 上下行数据工作在同一频段，因此，数据的上传和下传不能同时工作。目前国内单芯片支持的 LoRa 系统带宽为 2Mbit/s。

从技术特点上来看，LoRa 采用星型网络架构，与网状网络架构相比，它具有最低延迟、最简单的网络结构。基于 LoRa 的扩频芯片，可以实现节点与集中器的直接组网连接，构成星形；对于远距离的节点，可使用网关设备进行中继组网连接。

从功耗和性能上来看，LoRa 终端接收电流仅 10mA，睡眠电流 200nA，电池寿命可达 10 年。LoRa 还有网络层和应用层及设备的多重加密方式。LoRa 基于测量多点对一点的空中传输时间差试点定位，使得在 10km 的范围内终端的定位精度可达 5m。

从成本和市场推广上来看，LoRa 终端通信模块成本约 5 美元，适用于具备功耗低、距离远、容量大以及可定位跟踪等特点的物联网应用。目前，LoRa 网络已经在全球多地进行试点或部署。据统计，全球有 16 个国家正在部署 LoRa 网络，56 个国家开始进行试点，如美国、法国、德国、澳大利亚、

印度等。荷兰 KPN 电信、韩国 SK 电信在 2016 年上半年部署了覆盖全国的 LoRa 网络，并提供基于 LoRa 的物联网服务。在国内，AUGTEK 公司在京杭大运河完成了 284 个 LoRa 基站的建设，覆盖了 1300km 的流域。长远来看，部分企业出于数据安全等考量，可能会部署独立于运营商网络的私有物联网，LoRa 届时将有更多用武之地。

3.NB-IoT：与 2G/3G/4G 兼容的广域低功耗窄带物联网

Sigfox 和 LoRa 属于私有技术，应用时需要单独组建网络，而且使用的频谱没有授权，在安全性上也可能存在缺陷。而 NB-IoT 是 3GPP 推出的标准技术，该标准在 2014 年 5 月被最早提出后，而后经过多次讨论，已成为目前被全球广泛接受的全新窄带物联网技术标准，可谓技术演进和市场竞争的综合产物。2016 年 6 月，NB-IoT 核心协议标准在 3GPP 获得通过，在 2016 年年底前又完成了性能与测试标准。NB-IoT 可叠加应用在现有 2G/3G/4G 的蜂窝网络上，使用的频段有授权，已被沃达丰、中国移动、中国电信、中国联通等大运营商采纳，并被华为、爱立信、高通、英特尔等产业链上游厂商追捧。

从接入网络上来看，由于 NB-IoT 是在 LTE 基础上发展起来的，其主要采用了 LTE 的相关技术，并针对自身特点做了相应的修改。NB-IoT 的下行链路与 LTE 一致，采用 15kHz 的 OFDMA 子载波，当 NB-IoT 与 LTE 并存部署时，下行链路上 NB-IoT 和 LTE 可以做到互不影响。而 NB-IoT 的上行传输方案，支持单频音传输和多频音传输两种形式。单频音方案支持更好的覆盖、容量与终端功耗，多频音方案可用于支持更大的峰值速率。

从技术特点上来看，NB-IoT 的部署方式较为快捷、灵活，支持 3 种部署场景：在 LTE 频带以外单独部署；部署在 LTE 的保护频带；部署在 LTE 频带之内。此外，NB-IoT 也可以部署在 2G/3G 网络。NB-IoT 单扇区支持 5 万个连接，比现有网络连接数高 50 倍，目前全球约有 500 万个物理站点，假设全球约有 500 万个物理站点，所有站点全部部署 NB-IoT，则每站点三扇区共计可接入终端数达 4500 亿个。

从功耗和性能上来看，NB-IoT终端的功耗，原因在于：基站覆盖范围广，终端以低于 2G 的功率即可接入网络；维持网络接入的开销减少；终端工作在低功耗模式下，如采用节能模式，可使得 99% 的时间里功耗只需 15 微瓦；芯片采用低功耗工作。对于户外的位置跟踪（老人、动物、非机动车）的应用，电池可以使用 2 ~ 5 年；对于资产定位，如农林、环境、能耗数据采集与监测，电池可以使用 5 ~ 10 年。和 2G 相比，NB-IoT 能实现达 20dB 以上的增益，使得 NB-IoT 网络能够覆盖更广、更深，并有能力覆盖到地下停车场、地下管网。

从成本和市场推广上来看，因为 NB-IoT 可直接部署于 2G/3G/4G 网络，现有无线网络基站的射频与天线可以复用。在接入能力上，对于小流量、时延不敏感的应用场景，NB-IoT 单个扇区可以支持 5 ~ 10 万个终端的接入，较现有 2G/3G/4G 蜂高出 50 ~ 100 倍。因此，运营商只需要很低的建设成本，就可以快速形成 NB-IoT 的承载能力。目前，NB-IoT 芯片的成本在 5 美元左右，未来有望降低至 1 美元左右。在国外，沃达丰已于 2016 年 9 月 9 日宣布在西班牙马德里成功完成首个基于现有网络的标准化 NB-IoT 商用网络试验，并在 2017 年正式商用部署。在国内，中国电信计划在 2017 年上半年部署基于 800MHz 的 NB-IoT 网络，并实现全网覆盖；中国联通于 2015 年 7 月在上海建成并开放全球第一个 4.5G NB-IoT 新技术示范点，2016 年全年已在国内 7 个城市启动基于 900MHz、1800MHz 的 NB-IoT 外场规模组网试验，以及 6 个以上业务应用示范，2017 年开始推进国内重点城市的 NB-IoT 的商用部署。

4.ZigBee：广受欢迎的短距低速无线通信技术

相比于广覆盖、长距离的 NB-IoT、Sigfox、LoRa 技术，全球流行的短距离无线通信技术有 Wi-Fi、ZigBee、蓝牙以及红外技术。Wi-Fi、蓝牙、ZigBee 等工作在非授权、开源的 2.4GHz 频段。

ZigBee 和蓝牙、Wi-Fi 相比较，更专注于低传输应用，在 2.4GHz 频段上的传输速率最高可达 250kbit/s；节点设备体积小，采用电池供电，在低耗电待机模式下，两节 5 号电池可以使用 6 个月至 2 年。基于该技术的低传输速率，其协议较为简单，这大大降低了成本且网络容量大，最多可支持 255 个设备。ZigBee 技术的时延在 15ms ~ 30ms。

一般的蓝牙技术通常为短距离耳机、音箱等与手机联网所用，一般一个主设备可以有效地处理不超过 7 个设备，设备需要人手配备。随着连接设备的增多，通信速率会有明显下降，且该技术在不充电的情况下只能工作数周。Wi-Fi 技术虽然有效地将电脑等终端设备接入有线网络，但也面临着类似问题，且功耗过高。

因此，ZigBee 以成本低、功耗小、数据安全、延时短等特点，成为短距离物联网的重要技术之一，在工业、家庭自动化、农业自动化和医疗护理等领域得到广泛应用。升级后的 ZigBee3.0 打通了不同厂家的产品，实现了内部的互通。同时，ZigBee 联盟通过开放的姿态探索内外互通，有望在现有的成熟产业的基础上打造技术开放的物联网短距离连接模式，成为万物互联的重要主导者之一。

（二）传感器

传感器的性能决定了物联网的性能，传感器的发展制约着物联网的发展。传感器技术是物联网系统中实现物体识别和信息采集的重要技术，目前全球各类传感器超过 2.2 万种，我国已有科研、技术和产品近 1 万种，但我国高端传感器仍严重依赖进口，主流传感器技术仍较薄弱。随着物联网时代对智能设备需求的不断增加，全球传感器需求有望从目前的百亿级别增量到 2025 年的万亿级别，且亚太地区有望成为最具增长潜力的传感器应用市场。

传感器由敏感元件和转换元件组成，按照被测物理量、工作原理、能量转换方式、工作机理、信号输出形式等不同形式分类与应用。

应用在物联网的传感器通常具备专门的信息接收器、发送器和数据传输通路、信息存储功能及数据处理能力，并且遵循物联网通信协议及拥有唯一的可识别编号，例如，射频识别系统和红外感应器等。为了满足物联网大规模、低成本、无人值守、电池供电等应用环境要求，新型传感器正向数字化、智能化、微型化发展，并具有低成本、低功耗、抗干扰及高灵活性等特点。其中，智能传感器于20世纪末问世，是带有微处理器，具有信息处理功能的传感器，其处理功能主要包括自动采集、自动检测、自动修正以及根据输入信息进行判断和决策等。智能传感器具备双向通信功能，能输出测量的数据且适配各种微控制器（MCU），其主要通过软件来实现测试功能及作出多种决定，智能化程度主要依赖于软件开发水平。同传统传感器相比，智能传感器具有精度高、可靠性高、稳定性高、高信噪比、高分辨率、高性价比及强适应能力等特点。

1.MEMS传感器

MEMS传感器（Microelectro Mechanical Systems）即微机电系统，是自然与工程科学多学科交叉的前沿技术，完整的MEMS微机电系统主要由微传感器、微执行器、信号处理、控制电路、通信接口和电源等部分组成，其技术目的是通过系统的微型化、集成化来探索具有新功能的元件和系统。MEMS传感器是采用微电子和微机械加工技术制造的新型传感器，该传感器能将信息的获取、处理和执行集成于一体，形成具备多功能的微型系统，进而大幅提高系统的自动化和智能化程度，且有效地降低成本，适合规模化生产。基于其体积小、重量轻、成本低、高可靠性、易于集成等特点，MEMS传感器将逐渐取代传统机械传感器，有望成为在物联网时代传感器生产的主要技术。

MEMS传感器种类繁多，应用在不同领域的MEMS传感器其结构也各不相同，按照其工作原理分类，可将其大致分为物理型、化学型和生物型三类。从MEMS传感器的历史专利数据来看，其技术发展主要以市场需求为导向，MEMS技术虽然始于20世纪60年代，但2000年以后汽车工业对压力传感器、加速度计、热传感器的大量需求，才正式掀起了MEMS传感器的成长浪潮。2007—2010年，MEMS传感器下游应用领域不断扩展，从汽车工业、航空航天逐渐走向医疗电子、化工机械等领域，进入了多元化的发展阶段。2011 年以后，受益于消费电子领域对传感器需求的激增，MEMS 传感器专利数量快速增长，研发地区主要集中在亚洲，并逐渐从日本、韩国转移至中国。根据中华人民共和国工业和信息化部统计，2015 年全球传感器市场规模为 1587 亿美元，同比增长 26%。根据预测，2013—2016 年全球 MEMS 市场规模复合增长率将达到 11%，市场规模将超过 150 亿美元，且 MEMS 器件价格每年同比下降 7%。2015 年我国传感器、MEMS 传感器市场规模分别达到 1100 亿元和 278 亿元，预计到 2020 年我国传感器及 MEMS 传感器市场将分别达到 2115 亿元和 609 亿元。从下游应用市场来看，消费电子依旧是 MEMS 传感器最大的应用领域，消费电子、医疗及汽车电子合计占据下游应用市场份额的 85% 左右。

2.RFID

RFID（Radio Frequency Identification），即射频识别技术，又称“电子标签”，是 20 世纪 90 年代兴起的一种非接触式自动识别技术，在无人干预的情况下，它可以通过射频信号自动识别目标对象并获取相关数据，它是物联网传感层的主要技术之一。RFID 技术工作环境弹性较大，除可在极端环境下进行工作外，亦可识别高速运动物体并在同一时间识别多个标签。

RFID 主要由标签、阅读器 / 读写器、天线三个部分组成。标签的主要功能是附着在物体上用以标识目标对象，它由耦合元件及芯片组成，具有唯一的电子编码；阅读器 / 读写器的主要功能是读取（或写入）标签信息，分为手持式和固定式两种；天线的功能则是在标签和阅读器之间传递射频信号。RFID 的基本工作流程是阅读器通过发射天线发送一定频率的射频信号，标签进入电磁场后产生感应电流，标签获得能量被激活，发送出存储在芯片中的产品信息，接受天线收到从标签中发送来的载波信号，再经过天线调节器传送回阅读器，阅读器对信号进行解调和解码后将其送到后台主系统进行处理，这种标签被称为无源标签或被动标签。

有源标签或主动标签主动发送某一频率的信号，阅读器读取并解码信号后，发送至主系统进行有关数据处理。主动标签自身装有电池供电，与被动标签相比成本更高，读写距离较远且体积较大。

根据 RFID 产品频率的不同，其应用场景也不同。按照频率不同分类，RFID 可分为低频（125 ~ 134kHz）、高频（13.56MHz）、超高频（860 ~ 960MHz）和微波（2.45 ~ 5.8GHz）产品。低频 RFID 产品主要用于动物管理及出入控制等领域；高频产品可应用于证照防伪和电子支付领域等；超高频产品主要用在物品追踪管理、仓储物流等领域；微波产品可用在车辆、集装箱的远距离识别等场景。目前，RFID 的应用主要集中在物流、物品跟踪、身份识别以及智能医疗设备等领域。

（三）云计算

云计算的概念最早由 Google（谷歌）提出。狭义来讲，云计算是 IT 基础设施的交付和使用模式，广义的云计算是指服务的交付和使用模式。云计算以互联网为平台，为用户提供方便、快捷的网络计算和存储服务。在数据信息存储方面，云计算系统由大量服务器组成，具有先进的存储技术和较高的传输速度。云计算结合了虚拟化技术、分布式海量数据存储技术、数据管理技术、编程方式及平台管理技术五大关键技术，使得云计算对数据的计算能力大大加强，且能够搭建成本较低的、高效的运算连接点，使信息调度更为方便、灵活。

云计算在物联网中的应用前景广泛，经济价值巨大，被称为物联网的神经中枢。云计算在物联网中运用得比较有限，但是物联网和云计算的发展会相辅相成、相互促进。云计算为物联网的数据处理提供了经济的平台，物联网也对云计算提出了一些新的要求。

（四）数据挖掘

数据挖掘（Data mining），又译为资料探勘、数据采矿。它是数据库知识发现（KDD）中的一个步骤。数据挖掘一般是指从大量的数据中自动搜索隐藏于其中的有着特殊关系性的信息的过程。数据挖掘通常与计算机科学有关，并通过统计、在线分析处理、情报检索、机器学习、专家系统和模式识别等诸多方法来实现上述目标。

第二节 IoT安全威胁分析

随着智能硬件创业的兴起，大量智能家居和可穿戴设备进入了人们的生活，根据 Gartner 报告预测，2020 年全球 IoT 设备数量将高达 260 亿个。由于安全标准滞后，以及智能设备制造商缺乏安全意识和投入，IoT 安全已经存在极大隐患，严重威胁到个人、企业甚至国家关键基础设施的信息安全。目前，IoT 主要存在以下八个方面的安全隐患。

第一，数据存储不安全。毫无疑问，移动设备用户面临的最大风险是设备丢失或被盗。任何捡到或偷盗设备的人都能得到存储在设备上的信息。数据存储安全与否，很大程度上依赖于设备上的应用为存储的数据提供何种保护。很多智能硬件手机客户端的开发者对智能硬件的配置信息和控制信息都没有选择可靠的存储方式，通过调试接口直接读取到明文或者直接输出至 logcat 中。用户身份认证凭证、会话令牌等，可以安全地存储在设备的信任域内，这样通过对移动设备的破解，就可以达到劫持控制的目的。

第二，服务端控制措施部署不当。由于要降低对服务端的性能损耗，很多情况下现有智能硬件的安全策略是把安全的过滤规则部署在客户端，而没有对所有客户端输入数据进行输入检查和标准化处理。使用正则表达式和其他机制可以确保只有允许的数据才能进入客户端应用程序。在设计时并没有实现移动端和服务端支持同一套安全过滤规则的需求，因此，可以将数据参数直接提交至云端或客户端，通过 APK 对参数进行过滤和限制，从而达到破解设备功能的目的。

第三，传输过程中没有加密。在智能硬件的使用过程中，存在连接开放 Wi-Fi 网络的情况，故应设计在此场景下的防护措施。可以列一个清单，确保清单内所有的应用数据在传输过程中得到保护（保护要确保机密性和完整性）。清单中应包括身份认证令牌、会话令牌和应用程序数据。要确保传输和接收所有清单数据时使用 SSL/TLS 加密（See CFNetwork Programming Guide）。确保应用程序只接受经过验证的 SSL 证书（CA 链验证在测试环境中是禁用的；确保你的应用程序在发布前已经删除这类测试代码）。通过动态测试来验证所有的清单数据在应用程序的操作中都得到充分保护。通过动态测试、确保伪造、自签名等方式生成的证书，在任何情况下都不被应用程序所接受。

第四，手机客户端的注入。手机客户端和 Web 应用程序的输入验证和输出过滤应该遵循同样的规则。要标准化转换和积极验证所有的输入数据，即使是本地的 SQLite/SQLcipher 查询调用，也应使用参数化查询。当使用 URL scheme 时，要格外注意验证和接收输入，因为设备上的任何一个应用程序都可以调用 URL scheme。当开发一个 Web/ 移动端混合应用时，要保证本地的权限是满足其运行要求的最低权限。另外，控制所有 UIWebView 的内容和页面，防止用户访问任意的、不可信的网络内容。

第五，身份认证措施不当。授权和身份认证大部分是由服务端进行控制的，服务端会存在用户安全校验简单、设备识别码有规律可循、设备间授权不严等安全问题。目前，可以在分析出设备身份认证标识规律的情况下（如 MAC 地址、SN 号等都可以通过猜测、枚举的方式得到），批量控制大量设备。这个漏洞的危害在智能硬件里是最大的。

第六，密钥保护措施不当。有些 IoT 产品在开发过程中考虑到了安全加密，比如使用 AES128 位加密作为传输加密的内容，使用 MD5 加密用户密码。在对对称性加密方式的处理过程中，密钥的保存方式是至关重要的。在 IoT 解决方案中，手机客户端发起的请求需要对数据内容进行加密。也就是说，手机客户端内需要有 AES 的密钥。如果密钥存放的方式不当，则可以轻而易举地将数据还原成明文进行逆向分析，从而进行进一步的攻击。在对大量的 IoT 设备进行安全研究后发现，设备基本上都会把 AES 密钥存放在手机客户端中，有的做得很简单，写在一个加密函数里；有的做得较复杂，放在一个 lib 库中。这些只是提高了技术门槛而已，并不是解决安全问题的根本办法。

第七，会话处理不当。很多智能设备都会因会话管理措施不当受到攻击会话劫持，使设备被控制，所以说永远不要使用设备唯一标示符（如 UDID、IP、MAC 地址、IEME）来标示一个会话，应保证令牌在设备丢失 / 被盗取、会话被截获时可以被迅速重置。而且，要务必保护好认证令牌的机密性和完整性（例如，只使用 SSL/TLS 传输数据）。另外，要使用可信任的服务来生成会话。

第八，敏感数据泄露。对于智能设备的安全研究，可以通过智能设备所泄露出来的数据进行进一步分析，从而获得控制权限。因此，必须保证安全的东西都不放在移动设备上，最好将它们（如算法、专有 / 机密信息）存储在服务器端。如果安全信息必须存储在移动设备上，则应尽量将它们保存在进程内存中。如果一定要放在设备存储上，就要做好保护工作。不要硬编码或简单地存储密码、会话令牌等机密数据。在发布前，要清理被编译进二进制数据中的敏感信息，因为编译后的可执行文件仍然可以被逆向破解。

第三章　智能硬件的控制技术

第一节　嵌入式处理器

嵌入式系统（Embedded system）是“控制、监视或者辅助装置、机器和设备运行的装置”，是一种“完全嵌入受控器件内部，为特定应用而设计的专用计算机系统”。根据英国电气工程师协会的定义，嵌入式系统为控制、监视或辅助设备、机器或用于工厂运作的设备。与个人计算机这样的通用计算机系统不同，嵌入式系统通常执行的是带有特定要求的预先定义的任务。它的最大特点在于能够根据特定用户的需求，对软硬件进行合理剪裁，具有功耗低、体积小、集成度高等特点，有利于整个系统的小型化，提高系统的智能化和网络化程度。

现有成熟的指纹识别系统依赖于PC平台，这就极大地限制了指纹识别设备的使用范围，并且提高了系统成本。也有相当一部分嵌入式系统采用51系列单片机作为系统的CPU（中央处理器），这些系统存在着性能差、人机界面简单、改进余地不大等问题。而ARM处理器具有低功耗、低成本、高性能、小体积的优点，因此，基于ARM嵌入式指纹识别系统的研究，具有重要的目的和意义。

一、嵌入式处理器发展

嵌入式微处理器诞生于20世纪70年代末，到目前共经历了SCM、

MCU、网络化、软件硬化四大发展阶段。

SCM 阶段：即单片微型计算机阶段，主要是单片微型计算机的体系结构探索阶段。Zilog 公司 Z80 等系列单片机的“单片机模式”获得成功，走出了 SCM 与通用计算机完全不同的发展道路。

MCU 阶段：即嵌入式微控制器（Micro-Controller Unit，单片机）大发展阶段，主要的技术方向：为满足嵌入式系统应用不断扩展的需要，在芯片上集成了更多种类的外围电路与接口电路，突显其微型化和智能化的实时控制功能。80C51 微控制器是这类产品的典型代表型号。

网络化阶段：随着互联网的高速发展，各个系统，不论是手持型还是固定式的嵌入式电子产品，都希望能连接互联网。因此，网络模块集成于芯片就成了一个重要模块。

软件硬化阶段：随着市场对 CPU 芯片产品使用面的越来越广，对速度、性能等方面的要求越来越高，同时要求的产品开发时间越来越短，而软件功能和系统却越来越复杂，要求实时处理的多媒体等大型文件的处理要求越来越多（如 MP3、MP4 播放器、GPS 导航仪等），还有手持型数字电视飞速发展的需要，此外，实时在线快速改变逻辑功能，尤其是对低功耗的要求越来越高，仅仅采用软件的方式已远远不能满足这些市场发展的实际需要。同时，随着半导体设计和加工技术的飞速发展，以及设计水平自动化程度的提高，嵌入式微处理器芯片的设计难度极大地降低，这也为软件硬化的普及发展带来了极大的促进作用。

二、系统总体方案设计

嵌入式系统的架构可以分为四个部分：处理器、存储器、输入输出和软件。

嵌入式系统最核心的部分就是嵌入式处理器。当前世界上具有嵌入式功能特点的处理器已经超过了 1000 种，有 30 多个系列。不同的处理器有其不同的功能和优势。但是，低成本、低功耗、高性能是嵌入式系统应用的特殊要求。

存储器也是构建嵌入式系统的重要部分。嵌入式系统就需要外扩Flash。虽然存储器的选择依赖于处理器的选择，但是就功能需求来说，需要考虑容量大的、性能稳定的存储器。就Flash来说，还需要考虑Flash的擦除等软件操作是否方便。

还要结合实际情况和处理器的功能，确定系统的外用设备。

三、嵌入式系统的分类

根据不同的分类标准，嵌入式系统有不同的分类方法，如按其形态的差异，一般可将其分为芯片级（MCU、SoC）、板级（单片机、模块）和设备级（工控机）三级；按其复杂程度的不同，又可将其分为以下四类：

第一类，主要是由微处理器构成的嵌入式系统，常常用于小型设备（如温度传感器、烟雾和气体探测器及断路器）。

第二类，不带计时功能的微处理器装置，可在过程控制、信号放大器、位置传感器及阀门传动器等中找到。

第三类，带计时功能的组件，这类系统多见于开关装置、控制器、电话交换机、包装机、数据采集系统、医药监视系统、诊断及实时控制系统等。

第四类，在制造或过程控制中使用的计算机系统，这也就是由工控机级组成的嵌入式计算机系统，是这四类中最复杂的一种，也是现代印刷设备中经常应用的一种。

四、嵌入式系统的特点

嵌入式系统是将先进的计算机技术、半导体技术和电子技术与各个行业的具体应用相结合后的产物。这一点就决定了它必然是一个技术密集、资金密集、高度分散、不断创新的知识集成系统。嵌入式CPU能够把通用CPU中许多由板卡完成的任务集成在芯片内部，从而有利于嵌入式系统设计趋于小型化，移动能力大大增强，跟网络的耦合越来越紧密。

嵌入式系统的硬件和软件都必须高效率地设计，量体裁衣，去除冗余，力争在同样的硅片面积上实现更高的性能，这样才能在具体应用中对微处理器的选择更具有竞争力。

嵌入式系统和具体应用有机地结合在一起，它的升级换代也是和具体产品同步进行的，因此，嵌入式系统产品一旦进入市场，具有较长的生命周期。

高实时性的系统软件（OS）是嵌入式软件的基本要求，而且软件要求固态存储提高速度、软件代码要求高质量和高可靠性。

五、常用嵌入式操作系统

目前，常用的嵌入式操作系统主要有μC/OS-Ⅱ嵌入式操作系统、Windows CE 操作系统、VxWorks 嵌入式实时操作系统、Linux 操作系统等。

（一）μC/OS-Ⅱ嵌入式操作系统

μC/OS-Ⅱ是一个完整的、源代码免费的、可移植、固化、可裁剪的抢占式实时多任务内核。μC/OS-Ⅱ具有执行效率高、占用空间小、可移植性及扩展性强、实时性能优良、稳定性和可靠性良好等特点。其内核采用微内核结构，将基本功能放在内核中，留给用户一个标准 API 函数，并根据各个任务优先级分配 CPU 的时间。由于μC/OS-Ⅱ结构小巧、源代码免费等，其在工控、通信、信息家电领域得到了广泛应用。

（二）Windows CE 操作系统

Windows CE 操作系统是微软公司开发的一个开放的、可升级的 32 位嵌入式操作系统，支持众多的硬件平台。它不仅是一个功能强大的实时嵌入式操作系统，而且提供了众多强大的工具，允许用户利用它快速开发出下一代的智能化、小体积连接设备。利用这些工具，开发人员可以迅速开发出能够在最新硬件平台上运行各种应用程序的智能化设计。

（三）VxWorks 嵌入式实时操作系统

VxWorks 是 Wind River Systems 公司专门为实时嵌入式系统设计开发的

一种操作系统，具有嵌入实时应用和最新一代的开发执行环境，支持多种处理器的开发平台，是目前世界上应用最广泛的产品。它为程序员提供了高效的实时任务调度、中断管理、实时系统资源以及实时的任务间通信。

（四）Linux 操作系统

Linux 类似于 UNIX，是一种免费的、源代码完全开放的、符合 POSIX 标准规范的操作系统。自诞生起，它就在很多方面赶上甚至超过了许多商用系统。该系统充分利用了嵌入式系统的任务切换机制，实现了真正多任务、多用户环境。Linux 对硬件配置的要求相当低，而且支持多种处理芯片，更为重要的是，开发人员可随时对该系统的开放内核进行升级和修补，很多错误可以得到检测及修复。

六、发展趋势

信息时代和数字时代的到来，使得嵌入式产品获得了巨大的发展契机，为嵌入式市场展现了美好的前景，同时也对嵌入式生产厂商提出了新的挑战，从中我们可以看出未来嵌入式系统的几大发展趋势。

第一，嵌入式开发是一项系统工程，因此，要求嵌入式系统厂商不仅要提供嵌入式软硬件系统本身，还需要提供强大的硬件开发工具和软件包支持。很多厂商已经充分考虑到这一点，在主推系统的同时，将开发环境也作为重点进行推广。例如，三星在推广 Arm7、Arm9 芯片的同时还提供开发板和支持包，而 Window CE 在主推系统时也提供 Embedded VC++ 作为开发工具，还有 Vxworks 的 Tonado 开发环境、DeltaOS 的 Limda 编译环境等，都是这一趋势的典型体现。

第二，网络化、信息化的发展，促使以往单一功能的设备如电话、手机、冰箱、微波炉等的功能不再单一，结构更加复杂。这就要求芯片设计厂商在芯片上集成更多的功能，为了满足应用功能的升级，设计师们一方面采用更强大的嵌入式处理器，如 32 位、64 位 RISC 芯片或信号处理器 DSP 等增强芯片处理能力，同时增加功能接口、扩展总线类型，加强对多媒体、图形等的处理，逐步实施片上系统（SOC）的概念。软件方面，采用实时多任务编程技术和交叉开发工具技术来控制功能复杂性，简化应用程序设计、保障软件质量和缩短开发周期。

第三，网络互联成为必然趋势。嵌入式设备为了适应网络发展的要求，必然会要求在硬件上提供各种网络通信接口。传统的单片机对于网络支持不足，而新一代的嵌入式处理器已经开始内嵌网络接口，除了支持TCP/IP协议外，还有支持IEEE1394、USB、CAN、Bluetooth或IrDA通信接口中的一种或者几种的，也需要提供相应的通信组网协议软件和物理层驱动软件。软件方面的系统内核支持网络模块，甚至可以在设备上嵌入Web浏览器，真正实现随时随地使用各种设备上网。

第四，精简系统内核、算法，降低功耗和软硬件成本。未来的嵌入式产品是软硬件紧密结合的设备，为了降低功耗和成本，设计者需要尽量精简系统内核，只保留和系统功能紧密相关的软硬件，利用最少的资源实现最适当的功能，这就要求设计者选用最佳的编程模型和不断改进算法优化编译器性能。因此，既需要软件人员有丰富的硬件知识，又需要发展先进的嵌入式软件技术，如Java、Web和WAP等。

第五，提供友好的多媒体人机界面。嵌入式设备能与用户亲密接触，最重要的因素就是它能提供非常友好的用户界面，手写文字输入、语音拨号上网、收发电子邮件以及彩色图形、图像，都会使使用者获得自由的感受。目前，一些PDA在显示屏幕上已实现汉字写入、短消息语音发布功能，但一般的嵌入式设备距离这个要求还有很长的路要走。

第二节 ARM处理器

ARM是微处理器行业的一家知名企业，该企业设计了大量高性能、廉价、耗能低的RISC处理器、相关技术及软件。ARM3位体系结构目前被公认为是业界领先的 32 位嵌入式 RISC 微处理器结构，所有 ARM 处理器共享这一体系结构。该技术具有性能高、成本低和能耗省的特点，适用于多个领域，比如嵌入控制、消费，教育类多媒体、DSP 和移动式应用等。

一、ARM 发展历程

1978 年 12 月 5 日，物理学家赫尔曼·豪泽（Hermann Hauser）和工程师 Chris Curry，在英国剑桥创办了 CPU 公司（Cambridge Processing Unit），主要业务是为当地市场供应电子设备。1979 年，CPU 公司改名为 Acorn 计算机公司。起初，Acorn 公司打算使用摩托罗拉公司的 16 位芯片，但是发现这种芯片太慢也太贵。“一台售价 500 英镑的机器，不可能使用价格 100 英镑的 CPU！”他们转而向 Intel（英特尔）公司索要 80286 芯片的设计资料，但是遭到拒绝，于是被迫自行研发。

1985 年，Roger Wilson 和 Steve Furber 设计了他们自己的第一代 32 位、6MHz 的处理器，Roger Wilson 和 Steve Furber 用它做出了一台 RISC（Reduced Instruction Set Computer）指令集的计算机，简称 ARM（Acorn RISC Machine）。这就是 ARM 名字的由来。

1990 年 11 月 27 日，Acorn 公司正式改组为 ARM 计算机公司。苹果公司出资 150 万英镑，芯片厂商 VLSI 出资 25 万英镑，Acorn 本身则以 150 万英镑的知识产权和 12 名工程师入股。公司的办公地点非常简陋，就是一个谷仓。

公司成立后，业务一度很不景气，工程师们人心惶惶，担心将要失业。由于缺乏资金，ARM 作出了一个意义深远的决定：自己不制造芯片，只将芯片的设计方案授权给其他公司，由它们来生产。很快，ARM 32 位嵌入式 RISC 处理器扩展到世界范围，占据了低功耗、低成本和高性能嵌入式系统应用领域的领先地位。ARM 公司既不生产芯片也不销售芯片，它只出售芯片技术授权，世界上各大半导体生产商从 ARM 公司购买其设计的 ARM 微处理器核，再根据各自不同的应用领域，加入适当的外围电路，从而形成自己的ARM微处理器芯片进入市场。

目前，全世界有几十家大的半导体公司都使用ARM公司的授权，因此，既使得ARM技术获得了更多的第三方工具、制造、软件的支持，又使整个系统成本降低，使产品更容易进入市场被消费者所接受，更具有竞争力。2002年，ARM架构芯片的出货量正式突破10亿。随着智能设备的爆炸式成长，完成10亿片的出货量ARM只需要一个月的时间。

2004年，Cortex系列的诞生是ARM公司的大事件，从此该公司不再用数字为处理器命名。它分为A、R和M三类，旨在为各种不同的市场提供服务。

2006年，全球ARM芯片出货量为20亿片。

2015年，ARM基于ARMv8架构推出了一种面向企业级市场的新平台标准。此外，ARM还开始在物联网领域发力。同年，福布斯杂志将ARM评为世界上五大具创新力的公司之一。

2016年7月18日，日本软银集团宣布以243亿英镑的价格收购ARM，这成为日本迄今为止最大的外国企业收购案。如今有90%的智能手机使用的都是ARM处理器，另外，ARM在智能家电、AV电器中也已广泛使用。

二、ARM产品分类

ARM产品，可以按照冯·诺依曼结构和哈佛结构分类，也可以按照ARMv1、ARMv2、ARMv3、ARMv4等构架来分类。然而，从1983年开始，ARM内核共有ARM1、ARM2、ARM6、ARM7、ARM9、ARM10、ARM11和Cortex，以及对应的修改版或增强版，越靠后的内核，初始频率越高，架构越先进，功能也越强。目前移动智能终端常见的为ARM11和Cortex内核。下面将从ARM处理器几大主流分类来进行阐述。

（一）Classic处理器

1.ARM7微处理器系列

ARM7微处理器系列于1994年推出，是使用范围最广的32位嵌入式处理器系列，它采用 0.9MIPS/MHz 的三级流水线和冯·诺依曼结构。ARM7 微处理器系列包括 ARM7TDMI、ARM7TDMI-S、带有高速缓存处理器宏单元的 ARM720T。该系列处理器提供 Thumb 16 位压缩指令集和 EmbededICE 软件调试方式，适用于更大规模的 SoC 设计。ARM7TDMI 基于 ARM 体系结构 V4 版本，是目前低端的 ARM 核。

2.ARM9 微处理器系列

ARM9 采用哈佛体系结构，指令和数据分属不同的总线，可以并行处理。在流水线上，ARM7 是三级流水线，ARM9 是五级流水线。由于结构不同，ARM7 的执行效率低于 ARM9。基于 ARM9 内核的处理器，是具有低功耗、高效率的开发平台，广泛用于各种嵌入式产品。它主要应用于音频技术以及高档工业级产品，如 Linux 以及 Wince 等高级嵌入式系统，可以进行界面设计，做出人性化的人机互动界面，如一些网络产品和手机产品。

3.ARM9E 微处理器系列

ARM9E 中的 E 就是 Enhance instrctions，意思是增强型 DSP 指令，ARM9E 其实就是 ARM9 的扩充。ARM9E 系列微处理器为可综合处理器，使用单一的处理器内核提供微控制器、DSP、Java 应用系统的解决方案，极大地减小了芯片的面积和系统的复杂程度。ARM9E 系列微处理器提供了增强的 DSP 处理能力，适用于需要同时使用 DSP 和微控制器的场合。

4.ARM10E 微处理器系列

ARM10E 系列微处理器为可综合处理器，使用单一的处理器内核提供了微控制器、DSP、Java 应用系统的解决方案，极大地减小了芯片的面积和系统的复杂程度。ARM9E 系列微处理器增强了 DSP 处理能力，适用于需要同时使用 DSP 和微控制器的场合。ARM10E 与 ARM9E 的区别在于，ARM10E 使用哈佛结构，6 级流水线，主频最高可达 325MHz，1.35MIPS/Hz。

5.ARM11 微处理器系列

ARM11 是 ARM 公司推出的一款 RISC 处理器，是 ARM 新指令架构——ARMv6 的第一代设计。该系列主要有 ARM1136J、ARM1156T2 和 ARM1176JZ 三个内核型号，分别针对不同的应用领域。ARM11 的高媒体处理能力和低功耗的特点，特别适用于无线和消费类电子产品；其高数据吞吐量和高性能的结合，非常适合网络处理应用；另外，ARM11 的实时性能和浮点处理等特点，也满足了汽车电子应用的需求。

（二）Cortex 系列

ARM 公司在经典处理器 ARM11 以后的产品改用 Cortex 命名，并分成 A、R 和 M 三类，旨在为各类不同的市场提供服务。Cortex 系列属于 ARMv7 架构，由于应用领域不同，基于 v7 架构的 Cortex 处理器系列所采用的技术也不相同，基于 v7A 的称为 Cortex-A 系列，基于 v7R 的称为 Cortex-R 系列，基于 v7M 的称为 Cortex-M 系列。

1.Cortex-A 系列

ARM 公司的 Cortex-A 系列处理器适用于具有高计算要求、运行丰富的操作系统以及提供交互媒体和图形体验的应用领域，从最新技术的移动 Internet 必备设备（如手机和超便携的上网本或智能本）到汽车信息娱乐系统和下一代数字电视系统，也可以用于其他移动便携式设备，还可以用于数字电视、机顶盒、企业网络、打印机和服务器解决方案。这一系列的处理器具有高效、低耗等特点，比较适合配置于各类移动平台。

ARM Cortex-A 系列处理器大体上可以排序为：Cortex-A57 处理器、Cortex-A53 处理器、Cortex-A15 处理器、Cortex-A9 处理器、Cortex-A8 处理器、Cortex-A7 处理器、Cortex-A5 处理器、ARM11 处理器、ARM9 处理器、ARM7 处理器。再往低的部分手机产品基本已经不再使用。

2.Cortex-R 系列

ARM Cortex-R 实时处理器为要求高可靠性、高可用性、高容错功能、可维护性和实时响应的嵌入式系统提供高性能的计算解决方案。Cortex-R 系列处理器通过已经在数以亿计的产品中得到验证的成熟技术，提供极快的上市速度，并利用广泛的 ARM 生态系统、全球和本地语言以及全天候的支持服务，保证快速、低风险的产品开发。

3.Cortex–M 系列

Cortex–M 系列是一系列可向上兼容的高能效、易于使用的处理器，这些处理器旨在帮助开发人员满足嵌入式应用的需要。这些需要包括以更低的成本提供更多功能、不断增加连接、改善代码重用和提高能效等。Cortex–M 系列针对成本和功耗敏感的 MCU 和终端应用（如智能测量、人机接口设备、汽车和工业控制系统、大型家用电器、消费性产品和医疗器械）的混合信号设备进行了优化。

（三）SecurCore 系列

SecurCore 系列处理器专门为安全需要而设计，提供了完善的 32 位 RISC 技术的安全解决方案，因此，SecurCore 系列微处理器除了具有 ARM 体系结构的低功耗、高性能的特点外，还具有其独特的优势，即提供了对安全解决方案的支持。SecurCore 系列微处理器主要应用于一些对安全性要求较高的应用产品及应用系统，如电子商务、电子政务等。SecurCore 系列微处理器包含 SecurCore SC100、SecurCore SC110、SecurCore SC200 和 SecurCore SC21。

1.Intel 的 XScale 系列

Intel 的 XScale 源于 ARM 内核，在 ARM 架构的基础上进行扩展，保留了 ARM 对以往产品的向下兼容性。在指令集结构上，XScale 仍然属于 ARM 的“V5TE”体系，与 ARM9、ARM10 系列内核相同，但它拥有与众不同的 7 级流水线，除了无法直接支持 Java 解码和 V6 SIMD 指令集外，各项性能参数与 ARM11 核心都比较接近。再结合 Intel 在半导体制造领域的技术优势，XScale 获得了极大的性能提升，它的最高频率可达到 1GHz，并保持了 ARM 体系一贯的低功耗特性。

2.Intel 的 StrongARM 系列

在 PDA 领域，Intel 的 StrongARM 和 XScale 处理器占据举足轻重的地位，二者在架构上都属于 ARM 体系，相当于 ARM 的一套实际应用方案，是一款旨在支持 WinCE3.0-PocketPC 系统的 RISC（精简指令集）处理器。

正如开头所说，ARM 公司高性能、低耗能的 RISC 微处理器目前占据了手机处理器 90% 的市场份额。ARM 也不会单纯地在电子消费领域停滞不前。对 ARM 产品本身来说，ARM 非常注重提升芯片的能效。不仅如此，ARM 的架构使旗下所有 32 位处理器都可以支持强大的非对称加密算法和协议，考虑到物联网设备需要时常连接到网络，随着市场的逐渐发展，强大的加密和安全功能毫无疑问将会变得越来越重要。同时，ARM 还推出了专门针对 IoT 领域的 mbed 物联网设备平台——mbed 平台，希望将割裂的 IoT 市场整合起来，形成一个大统一的环境。

在人工智能领域，ARM 深耕后端控制技术，以支持各式各样的人工智慧应用。比如，NVIDIA 采用 ARM 处理器与自家的 GPU，实现了人工智慧。在视觉系统部分，主要是由 GPU 收集外界资讯进行处理，但与此同时也会衍生出需要作业系统驱动后端应用需求的功能，而 ARM 处理器便是协助后端应用协调工作的。换言之，前端是由 GPU 或 FPGA 来负责，而后端涉及 Linux 作业系统的部分则由 ARM 处理器负责。

在汽车电子领域，ARM 亦有不俗的表现，例如，以汽车电子中的 PND 为例，ARM 就占据了 80% 以上的市场。针对汽车的 MCU 产品中大部分是 8 位、16 位的情况，ARM 的全球嵌入式总监表示："32 位 MCU 的成本已经降低了很多，有的甚至还低于 16 位的 MCU，基于 Cortex-M3 的 MCU 提供了更强大的运算能力和其他功能，如集成 USB、DMA 等，这都是 8 位和 16 位 MCU 所无法比拟的。"不仅如此，ARM 还专门推出了针对 FPGA 的 Cortex－M3 软核，NVIDIA 还发布了基于 ARM 架构搭载的 Parker 系列，专为 NVIDIA 的 DRIVE PX 2 智能汽车系统准备。

物联网、汽车电子、人工智能等领域的兴起，为 ARM 创造了更多的机会。在智能手机市场，ARM 也寻求着更多的突破。

第三节　传感器

大多数的人工智能动作和应用场景的实现，都需要靠传感器来完成，传感器作为人工智能技术发展的硬件基础，已经成为人工智能与万物互联的必备条件。《传感器通用术语》（GB/T7665–2005）对其的定义：能感受被测量并按照一定的规律转换成可用输出信号的器件或装置，通常由敏感元件和转换元件组成。传感器可完成信息的传输、处理、存储、显示、记录、控制等多重要求，具有微型化、数字化、智能化等多种特点，是设备感受外界环境的重要硬件，决定了装备与外界环境交互的能力。

传感器的发展大体可分三个阶段：第一阶段是 20 世纪 50 年代伊始，结构型传感器出现，它利用结构参量变化来感受和转化信号。第二阶段是 20 世纪 70 年代开始，固体型传感器逐渐发展起来，这种传感器由半导体、电介质、磁性材料等固体元件构成，是利用材料某些特性制成。如：利用材料的热电效应、霍尔效应，分别制成热电偶传感器、霍尔传感器等。第三阶段是 20 世纪末开始，智能型传感器出现并得到快速发展。智能型传感器是微型计算机技术与检测技术相结合的产物，使传感器具有人工智能的特性。

目前，国内传感器技术发展与创新的重点是在材料、结构和性能 3 个方面加以改进：敏感材料从液态向半固态、固态方向发展；结构向小型化、集成化、模块化、智能化方向发展；性能向检测量程宽、检测精度高、抗干扰能力强、性能稳定、寿命长久方向发展。随着物联网技术的发展，对传统传感技术又提出了新的要求，产品正逐渐向 MEMS 技术、无线数据传输技术、红外技术、新材料技术、纳米技术、陶瓷技术、薄膜技术、光纤技术、激光技术、复合传感器技术、多学科交叉融合的方向发展。

一、智能装备上的传感器

（一）智能传感器是智能装备感知外界的重要输入

智能装备能够感知外界环境，自主分析、判断并制定决策，实现自主反馈或行动。一般而言，智能装备的输入系统有两个来源：一个是人工输入的设置参数，一个是通过自身的传感器感知外界环境获得的信息。人工输入的参数反映的是使用者基于自身使用的目的和预期；传感器输入的数据反映着智能设备通过感知外界环境获得的有利于设备运转的信息。因此，传感器是智能设备除人工干预以外的唯一输入，也是智能设备能够自主获得信息、自主判断、自主行动的基础。

（二）智能传感器让智能装备拥有多种"感觉"

传感器作为智能装备唯一的自主式输入，相当于智能装备、机器人的各种感觉器官，智能装备对于外界环境的感觉主要有视觉、位置觉、速度觉、力觉、触觉等。

视觉是智能装备最常用的输入系统，其可以分为两大类别：一是直观的视觉，数据类型是像素组成的图片，典型的应用如机器视觉、物体识别等，此类传感器有高速相机、摄像机等；二是环境模型式的视觉，数据类型是点云数据构成的空间模型，典型的应用是空间建模，此类传感器有 3D 激光雷达、激光扫描仪等。

位置觉是指通过感知周围物体与自身的距离，从而判断自身所处的环境位置，此类传感器有激光测距仪、2D 激光雷达、磁力计（判断方向）、毫米波雷达、超声波传感器等。

速度觉是指智能装备对于自身运行的速度、加速度、角速度等信息的掌握，此类传感器有速度编码器、加速感应器、陀螺仪等。

力觉在智能装备中用以感知外部接触物体或内部机械机构的力，典型的应用如装在关节驱动器上的力传感器，用来实现力反馈；装在机械手臂末端和机器人最后一个关节之间的力传感器，用来检测物体施加的力等。

触觉在智能装备中可以进一步分为接触觉、压觉、滑觉，此类传感器有光学式触觉传感器、压阻式阵列触觉传感器、滑觉传感器等，其中，滑觉传感器是实现机器人抓握功能的必备条件。

除了以上五种人体感觉以外，一些物理传感器还具有超越人体的感觉，比如生物传感器可以测量血压、体温等，环境传感器可以测量温湿度、空气粉尘颗粒物含量、紫外线光照强度等。这些超越人体感官的传感器被可穿戴设备搭配起来，有着扩充人体感官的功能。

二、研发趋势

随着微机电系统（MEMS）、激光技术、高科技材料等技术的进步，传感器的研发呈现多样化的趋势，有的利用生物材料模拟人类皮肤，创新传感器的触觉；有的利用 MEMS 技术研发微型智能化传感器，从而有利于复杂系统的集成；有的利用高精度的激光技术创造激光雷达，从而有利于系统实时感知周边障碍物与环境等。

然而，总体而言，传感器的研发过程呈现两个阶段趋势：一是技术创新，根据未能满足的需求开发新产品。在这一阶段中，传感器研发创新的方向源于智能装备、创新设备的需求，研发人员根据使用需求，创新出新型传感器。二是成本降低，应用落地，产品逐步切合产业化需求。在此阶段中，在研发创新的过程中，为了满足人们对于智能装备产业化应用的需求，研究人员从对技术开发的关注转为对成本下降的关注，目的是更好地实现规模化生产、智能装备产业化应用。

三、传感器应用趋势

传感器作为智能装备除人工设置参数以外的唯一输入，其重要性不言而喻。传感器感知外界环境的能力，决定了智能装备信息输入的准确性和丰富性。对于传感器有效应用的创新，往往是智能装备功能创新的基础。智能装备对于传感器的创新应用，主要有以下三种趋势。

第一，同类传感器结合使用，单一功能上的纵向深度结合。这种情况下，系统在单一功能上往往有着极高的需求，为满足系统在单一功能上的高复杂需求，同类传感器有机结合形成的冗余结构，保证了系统在该功能上的安全性。例如，无人驾驶汽车的感知系统，多种视觉、位置觉传感器的有机结合，形成了相互补充的冗余结构，从而保证了系统能够正确、高效地实时感知外界环境，作出正确驾驶决策。此时，传感器之间在功能上往往有着主导和辅助的区别与联系，起主导作用的传感器是产品实现的核心技术壁垒。

第二，多种传感器组合使用，多种功能上的横向广度组合。为满足系统多类型、多层次的输入输出需求，多种类型的传感器创新组合，形成智能装备的多种感觉，根据多种感觉形成智能反馈。例如，情感交互性机器人 Pepper 以及其他陪护型、早教型机器人等，多种感官的组合形成了视觉、位置觉、听觉等情感感知系统，再通过内部的人工智能算法形成智能反馈。此时，硬件之间不存在主次之分，系统和算法芯片也同样发挥着重要作用。

第三，新型传感器应用于传统设备，赋予设备智能化的生命力。新型智能传感器应用于传统设备，赋予传统设备“感觉”，从而升级为智能设备。例如，激光雷达与扫地机器人的结合，形成了路径规划式的扫地机器人；血压传感器、心率传感器、位置传感器和手表、手环的结合，形成了集各种健康监控功能于一体的可穿戴式设备等。这种情况下，传统设备本身具备需求，因此主要是存量市场的一种渗透替换现象，而新型传感器应用带来的效果改进，具有明显的消费者基础。

第四章　信息安全与入侵检测

第一节　信息及信息安全

20 世纪末，一场以计算机技术、网络技术为代表的技术风暴席卷整个世界，这场技术风暴一直持续到 21 世纪，推动了整个世界的社会信息化进程。电子商务、电子政务先后出现并得到普及，人类正在打造一个数字化的信息世界，而计算机网络的建设，是这个世界的核心。可以说，计算机网络是信息时代的重要标志，网络的基本功能包括资源共享、通信和控制，它满足了人们长久以来对信息资源的渴望，人们对网络的依赖也变得越来越强。

社会信息化极大改善了人们工作及生活的品质，同时也带来了不容忽视的信息安全问题。并且，随着社会信息化程度的深入，信息安全问题越发严重，各种针对网络的攻击行为层出不穷，严重影响了网络的应用，制约了网络的发展。

信息安全是一个涉及计算机技术、网络技术、通信技术、密码技术、信息安全技术、应用数学、数论、信息论等多种学科的边缘性综合学科。安全工作的目的，就是在与信息安全相关的法律、法规、政策的支持与指导下，通过采用合适的安全技术与安全管理措施，维护计算机信息安全。

一、信息

信息是个很大的概念，它泛指人类社会传播的一切内容。然而，在信息安全领域，信息主要是指那些在网络中传播、在计算机中处理的数字化内容，也就是数字媒体。网络中信息的形态一般有五种——数据、文本、声音、图像和视频，这五种形态共同构成了网络上丰富多彩的数字媒体，即新媒体。

不同形态的信息在本质上都是数字化的内容，以二进制的格式存储在存储介质上（如磁盘、磁带、光盘），但是内容的编码方式不同，要用相应的软件才能打开。软件打开信息的过程，其实就是对编码后的信息内容进行解码然后将之显示出来的过程。

信息是有生命周期的，信息生命周期是指信息被收集、存储、加工和维护使用的整个过程，贯穿其从产生到消亡的始终，从管理的角度而言，一般包括产生、传播、使用、维护、归宿（存档或删除）五个阶段。通常而言，信息产生的来源有三个，分别是外部传入的信息、内部人员输入的信息以及内部系统自动产生的信息。信息一旦产生，就可以进行传播、使用和维护。最后，信息的归宿有两种，有用的信息将被存档，而无用的信息将被销毁。

信息在其生命周期的各个阶段都会遇到安全问题。例如，在信息产生阶段，产生信息的源的身份可能存在问题，需要通过身份认证来证实其来源的真实性；在信息传播阶段，信息可能遭受拦截、篡改、伪造和窃听；在信息的使用阶段，信息可能被篡改，遭受非法使用。因此，信息安全需要考虑信息生命周期的各个阶段。

二、信息系统

信息系统是由计算机硬件、网络和通信设备、计算机软件、信息资源、信息用户和规章制度组成的，以处理信息流为目的的人机一体化系统。它有五大基本功能：输入、存储、处理、输出和控制。

第一，输入功能。信息系统的输入功能决定于系统所要达到的目的及系统的能力和信息环境的许可情况。

第二，存储功能。存储功能指的是系统存储各种信息资料和数据的能力。

第三，处理功能，包括基于数据仓库技术的联机分析处理（OLAP）和数据挖掘（DM）技术。

第四，输出功能。信息系统的各种功能都是为了保证最终实现最佳的输出功能。

第五，控制功能，包括对构成系统的各种信息处理设备进行控制和管理，通过各种程序对整个信息加工、处理、传输、输出等环节进行控制。

信息系统是一个综合的人机一体化系统，涉及计算机技术、网络技术和数据库技术的应用。根据信息系统的应用特点，目前有数据处理系统（Data Processing System，DPS）、管理信息系统（Management Information System，MIS）、决策支持系统（Decision-making Support System，DSS）、专家系统（Expert System，ES）和虚拟办公系统（Office Automation，OA）五种类型的信息系统。

三、信息安全

信息安全是指保护整个信息系统（包括其中的信息）的安全，使其不受偶然或恶意的原因而遭受破坏、更改、泄露，保证系统连续可靠地运行，信息服务不中断，实现业务的连续性。

信息安全的最终目的是通过各种技术与管理手段实现信息系统的保密性、完整性、可用性、可靠性、可控性和不可抵赖性。保密性是指保护信息的隐秘性，防止信息泄露、信息内容被非法获取。保密性可通过信息加密、身份认证、访问控制、安全通信协议等技术来实现。完整性是指保障信息不会在未经授权的情况下被更改，强调的是信息在存储和传输过程中的一致性。完整性可通过散列算法来实现，如 MD5、SHA1 算法等。可用性是指用户能够不受影响地使用信息，即信息是可以使用的。可靠性是指信息的内容是真实可靠的。可控性是指信息在整个生命周期内都可被其合法拥有者进行安全的控制。不可抵赖性是保障用户在事后无法否认其对信息所实施的行为，如生成、修改、签发、接收和删除等。无论入侵行为多么复杂多样，其最终目的都是要破坏以上六个特性中的一个或多个。

四、网络安全

相对于信息安全，网络安全是一个较小的范畴，它是信息安全范畴的一部分。如果将信息安全限定在计算机网络范畴，那就是网络安全了。网络安全就是防范计算机网络硬件、软件、数据偶然或蓄意被破坏、篡改、窃听、假冒、泄露、非法访问，并保护网络系统持续、有效工作的措施总和。网络安全的保护范围及其与信息安全的关系如图 4-1 所示。

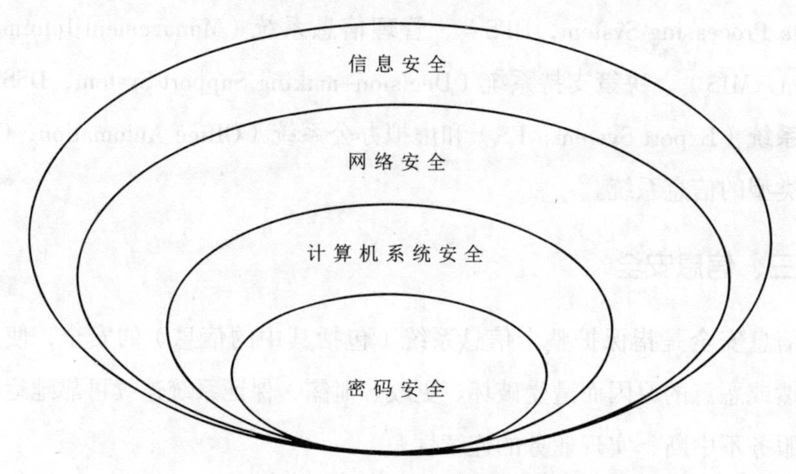

图4-1 网络安全的保护范围及其与信息安全的关系

从上图中可以明确看出，信息安全的范畴最大，其保护的范围包括所有信息资源；网络安全保护的范围是网络信息资源；网络是由计算机构成的，所以在网络安全下面还有计算机系统安全，用来保护计算机系统硬件、软件、文件和数据；最后，密码安全是信息安全、网络安全和计算机系统安全的基础和核心，信息的保密性、完整性、可用性、可靠性、可控性和不可抵赖性都可用密码技术来实现。

五、信息安全体系结构

信息安全总需求是物理安全、网络安全、信息内容安全、应用系统安全的总和，安全的最终目标是确保信息的保密性、完整性、可用性、可靠性、可控性和不可抵赖性，以及保障信息系统主体（包括用户、团体、社会和国家）对信息资源的控制。

（一）信息安全的保护机制

信息安全的保护机制包括电磁辐射、环境安全、计算机技术、网络技术等技术因素，还包括信息安全管理（含系统安全管理、安全服务管理和安全机制管理）、法律和心理因素等机制。因此，信息安全保护是一个多重的、全方位的保护机制。通常情况下，信息安全的保护涉及五个层次，分别是物理、技术、管理、法律和心理。第一层次是物理屏障，包括场地设备安全，含警卫、监控等；第二层次是技术屏障，主要是计算机技术、网络技术和通信技术等；第三层次是管理屏障，涉及人事、操作和设备的管理；第四层次是法律屏障，包括民法、刑法等；第五层次是心理屏障，主要是加强全民安全意识，让信息安全的观念深入人心。以上五个层次共同构成了信息安全的保护机制，而入侵检测技术属于第二层次技术屏障的范畴。

（二）OSI 安全模型

信息安全涵盖的范围较广，在网络时代，作为信息安全的子集，网络安全成为人们关注的重点。1977 年，国际标准化组织（ISO）在综合已有的计算机网络体系结构的基础上，经过多次讨论研究，于 1984 年颁布了 OSI 参考模型，制定了 7 个层次的功能标准、通信协议以及各种服务。这一模型被称为 OSI/RM（Open System Interconnection Reference Model，开放系统互连参考模型）。目前形成的开放系统互连参考模型的正式文件是 ISO 7498 系列国际标准，也记为 OSI/RM，或笼统地记为 OSI。OSI 网络模型已被作为国际上通用的或标准的网络体系结构。我国相应的标准是 GB/T 9387。

ISO 提出 OSI 参考模型的目的，就是要使各种终端设备之间、计算机之间、网络之间、操作系统进程之间以及人们之间互相交换信息的过程，都能够逐步实现标准化。参照这种参考模型进行网络标准化，就能使各个系统之间都是开放的，而不是封闭的。

OSI 参考模型的分层思想如下：

第一，每一层都必须实现一个或者多个明确定义的功能。

第二，每层功能的划分都必须有助于网络协议的标准化，以促进网络的互联。

第三，层与层之间应尽可能地封装，并提供足够的接口。

第四，层与层之间接口传输的数据应尽可能简洁。

第五，尽可能将功能详细分开，但层次数量不能太多，否则体系结构会过于庞大。

OSI 参考模型采用分层的体系结构，将复杂的网络功能分解到各个层来实现，降低了网络系统设计的复杂度。

OSI 作为计算机网络体系结构模型和开发协议标准的框架，提出了七层参考模型，由下而上分别是物理层（Physical Layer）、数据链路层（Data Link Layer）、网络层（Network Layer）、传输层（Transport Layer）、会话层（Session Layer）、表示层（Presentation Layer）以及应用层（Application Layer）。应用层由 OSI 环境下的应用实体组成，其他较低的层提供有关应用实体协同操作的服务。OSI 参考模型不仅是不同系统互联的体系结构，而且要求支持 OSI 标准的各大公司按 OSI 标准设计计算机网络，以便实现网络互联。

OSI 参考模型在提出时将重点放在了网络的互联互通上，没有考虑到网络的安全问题，随着网络的发展，网络安全问题日益凸显，严重影响了网络的使用，为打造安全、健康的网络环境，研究人员针对 OSI 参考模型各层功能的不同，提出了 OSI 安全模型，如图 4-2 所示。

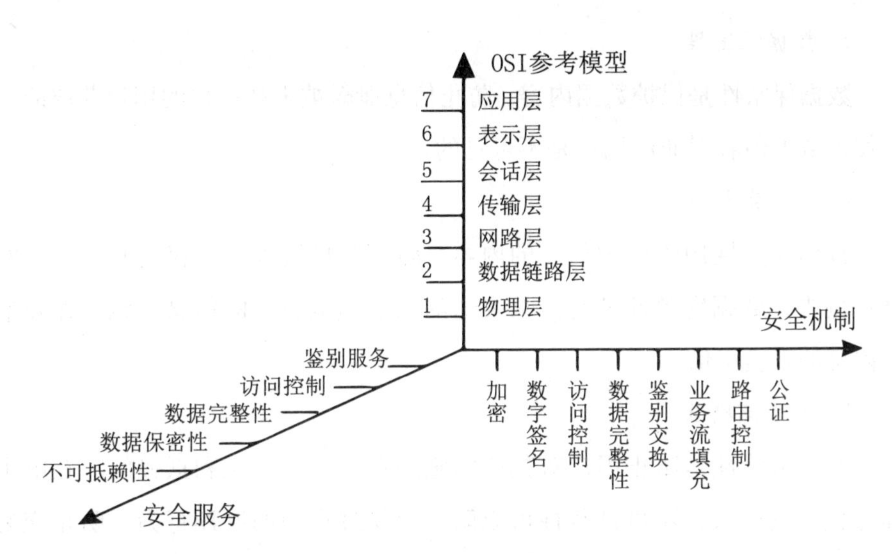

图4-2　OSI安全模型

OSI 安全模型是在 BS ISO 7498-2：1989（信息处理系统—开放系统互连—基本参考模型第 2 部分：安全体系结构）中规定的，它描述了 OSI 参考模型与安全服务、完全机制之间的关系。对于 OSI 参考模型的各个层，由相对应的安全机制来提供相应的安全服务。

（三）信息安全服务

OSI 安全模型规定了开放系统需要提供的五种安全服务：鉴别服务、访问控制、数据保密性、数据完整性和不可抵赖性。

1. 鉴别服务

鉴别服务提供对通信中的对等实体和数据来源的鉴别，鉴别一般由两个过程组成，第一步是识别对象的内容，也就是弄清楚对象是什么；第二步是验证对象的真实性，包括对象身份的真实性或来源的真实性。鉴别服务用来保障通信双方身份的真实可靠，以及传输的数据来源的真实可靠。

2. 访问控制

访问控制主要是根据主体的身份来控制其对客体的访问，从而防止非授权的访问。一般情况下，系统为主体分配了不同的访问控制权限，限制其对某些信息的访问或对某些功能的使用。

3. 数据保密性

数据保密性是保护数据内容，防止信息泄露被未经授权的用户获取的，它使得数据内容对非法用户是不可见的。

4. 数据完整性

数据完整性用于保护信息的内容，防止信息被未经授权地修改，在网络传输中，数据完整性就是要求发送的信息和接收到的信息一致，保障信息内容的真实可信。

5. 不可抵赖性

不可抵赖性是防止用户对其所实施的行为进行否认和抵赖的。在电子商务盛行的今天，不可抵赖性可以防止交易过程中的欺诈行为，防止交易发生后参与交易的一方对交易行为进行否认。

（四）信息安全机制

安全机制用来提供相应的安全服务，OSI 安全模型提出了八种安全机制，这八种安全机制可在 OSI 参考模型的各个层次工作，以提供相应的安全服务。

1. 加密机制

加密机制主要用于加强信息的保密性，既可对存储的数据加密，又可对传输中的数据加密。加密机制可用于 OSI 参考模型的多个协议层。

2. 数字签名机制

数字签名机制主要用来提供不可抵赖服务，证明用户确实执行过某个行为。比如，可以对文件进行数字签名来证明拥有该文件。数字签名本身必须具有不可伪造和不可抵赖的特点。

3. 访问控制机制

访问控制机制提供访问控制服务，用来限制对信息资源的访问或对某些功能的使用，防止未授权的访问行为。

4. 数据完整性机制

数据完整性机制用来保护数据的完整性，从而保证数据前后的一致性。

一般在发送数据的同时，通过散列函数计算数据的散列值，将散列值随数据一起发送，接收方收到数据后，采用相同的散列函数计算同一数据的散列值，然后比较两个散列值是否相等，从而验证数据的完整性。

5. 鉴别交换机制

鉴别交换机制可通过密码技术实现，由发送方提供，而由接收方验证。在此过程中，可通过特定的握手协议来防止鉴别重放攻击。

6. 通信业务填充机制

通信业务填充机制是为防止信息遭受攻击而人为添加到信息中的干扰信息，能够为防止通信业务分析提供有限的保护。

7. 路由选择控制机制

针对信息传输过程的安全，路由选择控制机制可为信息的传输选择安全的路由通道，或保证敏感数据只在具有适当保护级别的路由上传输。

8. 公证机制

公证机制是一种第三方认证技术，通过第三方机构实现对通信数据完整性、保密性、真实性的公证。公证服务主要是加密技术和数字签名技术的应用。

（五）信息安全体系框架

从图 4-3 可以看出，完整的信息安全体系框架主要由技术体系、组织机构体系和管理体系共同构成。技术体系又分为技术机制和技术管理两大部分，将物理安全放在了技术机制下运行环境及系统安全技术的范畴；组织机构体系包括机构的建立、岗位的培训及人事制度；管理体系包括法律、制度及培训。

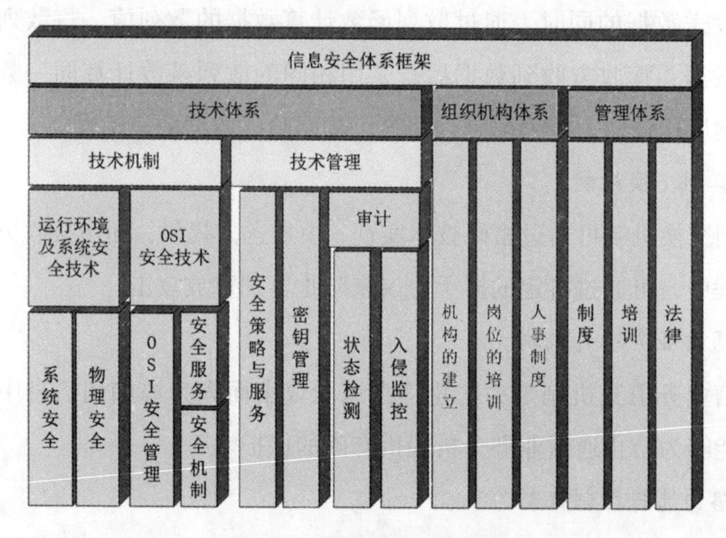

图4-3 信息安全体系框架

信息安全体系框架其实反映了信息安全多重保护机制，含有OSI安全模型中安全服务和安全机制的内容。

第二节 入侵检测研究及度量

入侵检测是对入侵行为的检测。它通过收集和分析网络行为、安全日志、审计数据、其他网络上可以获得的信息以及计算机系统中若干关键点的信息，检查网络或系统中是否存在违反安全策略的行为和被攻击的迹象。入侵检测作为一种积极、主动的安全防护技术，提供了对内部攻击、外部攻击和误操作的实时保护，在网络系统受到危害之前拦截和响应入侵。因此它被认为是防火墙之后的第二道安全闸门，在不影响网络性能的情况下能对网络进行监测，大大提高了信息安全基础结构的完整性。

一、入侵检测发展史

早在20世纪70年代，计算机及网络的安全问题就摆在了研究者的面前，那时候主要采用审计跟踪技术来检测入侵行为。直到 1980 年 4 月，James P. Anderson（詹姆斯 · P. 安德森）在为美国空军做的一份题为 *Computer Security Threat Monitoring and Surveillance*（《计算机安全威胁监控与监视》）的技术报告中，才首次提出了入侵检测的概念。在这份报告中，James P. Anderson 提出了一种对计算机系统风险和威胁进行分类的方法，将威胁分为外部渗透、内部渗透和不法行为三种，还提出了利用审计跟踪数据监视入侵行为的思想，从此人们开始了入侵检测技术的研究。

1984—1986 年，乔治敦大学和 SRI/CSL（SRI 公司计算机科学实验室）联合研究出了第一个入侵检测系统模型，名为 IDES（入侵检测专家系统）。IDES 模型由六个部分组成，分别为主体、对象、审计记录、轮廓特征、异常记录和活动规则，IDES 模型作为一种通用的入侵检测系统模型，成为入侵检测系统研究的基础模型。此外，IDES 是基于规则的模式匹配系统，采用了两大入侵检测技术之一的误用入侵检测技术。

1988 年，SRI/CSL 的 Teresa Lunt 等人对 IDES 进行了改进，改进的 IDES 增加了异常检测功能和专家系统，被用来构造异常行为的模型并且检测基于规则的属性。至此，入侵检测技术两大阵营都登上了历史舞台，分别是误用入侵检测技术和异常入侵检测技术。同年，康奈尔（Cornell）大学研究生罗伯特 · 莫里斯（Robert Morris）向互联网上传了一个“蠕虫”程序，他的本意是要检验网络的安全状况，然而，程序中一个小小的错误，使“蠕虫”的运行失去了控制，在联网后的 12 个小时之内，这只“蠕虫”迅速感染了 6200 多个系统。在被感染的电脑里，“蠕虫”高速自我复制，高速挤占电脑系统里的硬盘空间和内存空间，最终导致其不堪重负而瘫痪。由于它占用了大量的系统资源，迫使网络陷入瘫痪，大量的数据和资料毁于一旦，直接经济损失近亿美元。人们因此开始认识到网络安全的重要性，对网络的入侵检测成为研究的重点。

1990 年，加州大学戴维斯分校的 Heberlein 等人开发了 NSM，第一次将网络数据流作为审计数据，这成为入侵检测系统发展史上的一个分水岭。

NSM 能够直接对异构主机进行监视，而不用将来自不同主机的审计数据转换成统一的格式。NSM 标志着基于网络的入侵检测系统（NIDS）的出现。从此，入侵检测系统分为基于主机的入侵检测系统（HIDS）和基于网络的入侵检测系统（NIDS）两类。

1991 年，美国空军、国家安全局和能源部共同资助空军密码支持中心、劳伦斯利弗摩尔国家实验室、加州大学戴维斯分校、Haystack 实验室，开展对分布式入侵检测系统（DIDS）的研究，将基于主机和基于网络的检测方法集成到一起，提出了分布式入侵检测系统（DIDS），如图 4-4 所示。

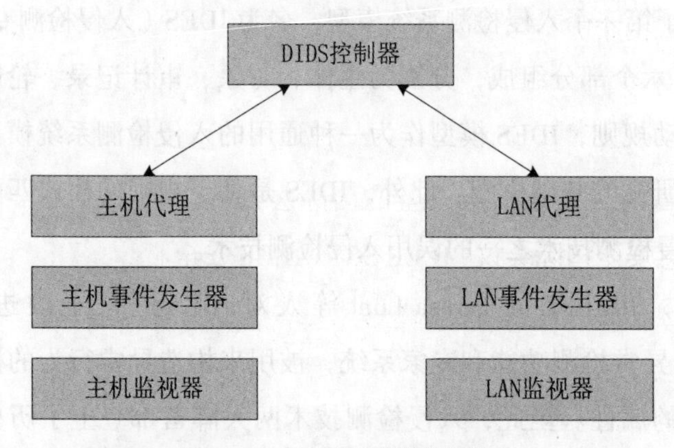

图4-4　分布式入侵检测系统

DIDS 是一个十分重要的产品，主要应用于网络环境。此后不久，研究人员提出了自动代理概念。自动代理大大增强了入侵检测系统的可量测性、可维护性、有效性和容错性。在体系结构上，自动代理对大规模分布式网络环境下入侵检测系统的设计提出了好的方案。AAFID 是第一个采用自动代理结构的入侵检测系统。

1996 年，基于图形的入侵检测系统（GrIDS）的设计与实现，解决了入侵检测系统可量测性的问题。这使得检测大规模的自动和协同攻击更加便利。在体系架构上，入侵检测系统经历了四个阶段：基于主机的入侵检测系统、基于网络的入侵检测系统、分布式入侵检测系统和自动多代理的入侵检测系统。随着网络的发展，入侵检测系统的规模也变得越来越庞大。

除了体系结构上的不断完善外，入侵检测系统的核心单元——分类器的构造也得到了很大的发展。分类器的构造与学习科学的发展密切相关。这些学习方法有统计方法、贝叶斯方法、数据挖掘、遗传算法、人工神经网络（ANN）、神经模糊计算、人类免疫系统、支持向量机（SVM）等。评价分类器性能的标准是准确性，即能够对新的行为进行正确的判断，区分其为正常行为或是入侵行为，这是由分类器的推广能力决定的。推广能力强的分类器，能够根据已知的样本对未知的样本进行正确判断。

此后，入侵检测系统的研发呈现出“百家争鸣”的繁荣局面，并在智能化和分布式两个方向取得了长足进展。目前，SRI/CSL、普渡大学、加州大学戴维斯分校、洛斯阿拉莫斯国家实验室、哥伦比亚大学、新墨西哥大学等机构在这些方面的研究代表了当前的最高水平。

当前，国内外关于信息安全的国际会议有上百个，比较有影响的有IFIP/SEC信息安全国际会议、IEEE S&P（IEEE安全与隐私研讨会）、ISC（中国互联网安全大会）、ICICS（国际信息与通信安全会议）、CIS（中国互联网安全大会）、CNCC（中国计算机大会）、NDSS（网络与分布式系统安全会议）等。ACM（美国计算机协会）、Springer（斯普林格）、Elsevier（爱思唯尔）、IEEE（电气和电子工程师协会）等国际知名组织和出版商，每年都会刊登大量的相关文章，出版相应的论文集。

其中，国际信息处理联合会IFIP召开的世界计算机大会（IFIP/WCC）下面的安全会议（IFIP/SEC），是信息安全领域的国际顶级学术会议，因其引领技术潮流而备受各国信息安全界的关注，而入侵检测，一直是IFIP/SEC会的主要议题之一。IFIP/SEC主要由IFIP信息安全专委会TC11负责，第一届IFIP/SEC信息安全国际会议于1983年5月在瑞典斯德哥尔摩召开，每年召开一次。需要特别提出的是，2000年世界计算机大会IFIP/WCC 2000在北京举行，江泽民同志在会议开幕式上致辞，国内著名信息安全专家卿斯汉为IFIP/SEC 2000程序委员会主席，这充分说明信息安全问题在中国已经得到了足够的关注和重视，我国相关的研究已经与国际社会接轨，并得到国际社会的认可。国际信息与通信安全会议ICICS是国内信息安全领域的顶级会议，也是国际公认的第一流国际会议，由中国科学院软件研究所主办。ICICS为国内外信息安全学者与专家齐聚一堂，探讨国际信息安全前沿技术提供了难得的机会，对促进国内外的学术交流，促进我国信息安全学科的发展，做出了重要贡献。

国外从事信息安全入侵检测研究的主要机构，有乔治敦大学、普渡大学COAST实验室、SRI公司计算机科学实验室（SRI/CLS）、Haystack实验室、加州大学戴维斯分校、加州大学圣塔芭芭拉分校、洛斯阿拉莫斯国家实验室、哥伦比亚大学、新墨西哥大学等。其中，SRI/CSL、普渡大学、加州大学戴维斯分校、洛斯阿拉莫斯国家实验室、哥伦比亚大学、新墨西哥大学等机构，在这些方面的研究代表了当前的最高水平。

国内从事信息安全入侵检测研究的主要机构，有中国科学院、中国人民解放军国防科技大学（以下简称国防科技大学）、哈尔滨工业大学、上海交通大学、北京邮电大学等。近年来，以信息安全专家卿斯汉、方滨兴、冯登国、李建华、周仲义、陈恭亮、唐正军为代表的众多国内信息安全研究人员，在入侵检测领域取得了丰硕的研究成果，发表了大量的文献，出版了许多专著。卿斯汉等人定期撰写介绍入侵检测研究现状的文章，发表在国内权威期刊上，这对于国内信息安全研究人员了解相关领域的研究动态，起到了很好的帮助作用。

随着人们对信息安全认识的不断提升，信息安全问题越来越引起人们的重视，入侵检测系统的市场更是飞速发展，许多公司投入这一领域，推出了自己的产品。国内在入侵检测研究方面虽然起步较晚，但发展很快，主要的企业及其产品有启明星辰信息技术集团股份有限公司（Venus Tech）的天阗、北方计算中心的NIDS detector、远东科技的黑客煞星、上海金诺网络安全技术发展股份有限公司的KIDS、北京神州绿盟信息安全科技股份有限公司的冰之眼IDS等。

二、入侵检测的研究内容

经过多年的研究与发展，入侵检测已经从最初简单的基于审计信息的单机检测模式，发展到以网络为平台，研究内容丰富，涉及领域广泛的一门综合性学科。入侵检测各领域研究内容和现状如下。

（一）体系结构研究

入侵检测系统体系结构研究的是系统各功能部件以及部件之间联系的内容。

1984—1986 年，乔治敦大学的 Dorothy Denning 与 SRI/CLS 实验室的 Peter Neumann 合作研究出了一种实时入侵检测系统模型——入侵检测专家系统（Intrusion Detection Expert System，IDES），该模型为构建入侵检测系统提供了一种通用的框架。1988 年，SRI/CLS 的 Teresa Lunt 等人对 IDES 进行了改进，改进的 IDES 增加了异常检测功能和专家系统，被用来构造异常行为的模型并且检测基于规则的属性。1990 年，加州大学戴维斯分校的 Heberlein 等人开发了 NSM，第一次将网络数据流作为审计数据。NSM 能够对异构主机进行监视，而不用将来自不同主机的审计数据转换成统一的格式。NSM 标志着基于网络的入侵检测系统的出现。

1991 年，Haystack 实验室和加州大学戴维斯分校的 Heberlein 等人又合作开发了分布式入侵检测系统 DIDS（Distributed Intrusion Detection System），该系统结合了基于主机和基于网络的检测方法，由多个功能构件组成，各功能构件分散在网络中，分工协作，共同实现入侵检测，能够适用于大型的网络。1994 年，普渡大学 COAST 实验室的 Spafford 等人提出了自治代理（Agent）的概念，设计并实现了采用自治代理结构的入侵检测系统 AAFID，又称为主体型入侵检测系统（Agent Based IDS）。自治代理大大增强了入侵检测系统的可量测性、可维护性、有效性和容错性，在体系结构上对大规模分布式的网络环境下的入侵检测系统的设计给出了好的方案。

总体上来看，随着网络系统的复杂化、大型化以及入侵行为协作性的加强，入侵检测系统的体系结构由集中式向分布式发展，经历了三个发展阶段：基于主机的入侵检测系统、基于网络的入侵检测系统和分布式入侵检测系统。其中，主机型（Host Based）和网络型（Network Based）是集中式的入侵检测系统。分布式入侵检测系统中的主体型入侵检测系统，在体系结构上具有很好的可扩展性、可维护性、可靠性和稳定性，更适合于时下大规模、高速且复杂的网络环境，是当前研究的重点。

（二）攻击模型研究

攻击模型的建立对于了解网络攻击原理，分析网络入侵过程，评估网络安全程度，有着重要的意义，对于入侵检测系统的部署，有着重要的指导作用。攻击模型的建模方法主要有四种，分别是攻击树、攻击网、状态转移图和攻击图。其中，攻击图的建模方法最为有效，也是目前研究的重点。早期，攻击图由 Red Teams 通过对系统的脆弱性分析手动生成，当网络规模较大时，这种方式效率很低。网络攻击图自动生成的研究主要有两种方法，一种是基于模型检测技术的方法，另外一种是基于图论的方法。

21 世纪初，乔治梅森大学（GMU）的研究人员采用模型检测的方法来自动寻找攻击路径，但是由于当时采用的模型检测工具 SMV 在目标状态不满足指定的属性时只能产生一条攻击路径，无法生成完整的攻击图，因此这种方法效率仍然较低。在此基础上，卡耐基梅隆大学（CMU）对 SMV 做了改进，开发了新的模型检测工具 NuSMV，该工具弥补了 SMV 的不足，当属性不满足时，可以给出所有的反例，形成一个完整的网络攻击图。但是，该模型检测方法仍存在缺陷，主要表现为系统状态空间过大，需要占用大量的存储空间，并且无法对个别行为进行优化执行，严重影响了攻击图生成及分析的效率。因此，研究人员再次对模型检测做了改进，提出了符号模型检测技术，在模型检测的基础上用二分决策图（Binary Decision Diagram，BDD）来隐含表示状态空间和转换关系，有效压缩了状态空间的大小，节省了存储空间，提高了效率。

图论的方法也被广泛应用于攻击图的自动生成过程，较早提出从图论角度对网络安全进行量化分析的是 Ortalo、Deswarte 和 Dacier 等人，但其模型对网络安全的分析过于理想化，研究力度不够深入。2003 年，Noel、Jajodia 和 O'Berry 等人提出了渗透依赖图（Exploit Dependency Graphs）的概念，较好地表示了攻击者利用多个脆弱性的多阶段入侵过程。2005 年，Li 对其做了归纳和改进，提出了渗透图的概念，提高了对多阶段入侵过程的表述能力。国内，中国科学技术大学的汪渊等人对基于图论的网络安全分析方法做了研究，提出了对网络安全脆弱性的威胁程度进行定量分析的层次分析模型和指标体系，采用图论的方法对各种安全脆弱性信息进行关联分析，取得了很好的成果。国防科技大学的张维明等人提出了一种基于渗透图模型的网络安全分析方法 NEG-NSAM，通过对网络系统参数进行抽象以及对系统脆弱性进行关联分析，构造了网络渗透图模型，从而分析了可能入侵安全目标的渗透路径。

模型检测方法和图论方法都能自动生成网络攻击图，但是对于大规模的网络系统，都存在“状态爆炸”的可能，目前攻击图建模研究的重点是对这两种方法进行改进，从而降低状态空间的大小，提高攻击图的生成效率。

（三）特征提取方法研究

数据源是入侵检测系统的重要模块，为入侵检测提供原始数据，面对网络系统中大量的数据信息，有效的特征提取对于入侵检测的检测率、可靠性及实时性都有着重要的影响。

网络系统中的数据源有两种：一种是主机系统中的审计数据、安全日志、行为记录等信息，一种是网络协议数据包。特征提取的目的就是对这些原始数据进行分析，提取攻击特征，通过适当的编码将其加入入侵模式库。一个特征应该是一个数据独有的特性，提取出来的特征应该能够准确、完整地描述该数据或行为，从而为判断入侵提供依据。

提取入侵行为的特征，就是对入侵行为进行形式化的描述，对其进行准确的分类。目前，网络攻击分类方法主要有四种，分别是基于经验术语的分类方法、基于单一属性的分类方法、基于多属性的分类方法和基于应用的分类方法。其中，基于多属性的攻击分类方法将攻击看成一个动态的过程，并将其分解成相互关联的多个独立的阶段，再对每个阶段的属性进行独立描述，具有很好的扩展性，能够全面、准确地表述攻击过程，得到了广泛的研究和应用。

近几年，基于主成分分析（Principal Component Analysis，PCA）和独立成分分析（Independent Component Analysis，ICA）的特征提取方法成为研究的热点。PCA 技术可以将数据从高维数据空间变换到低维特征空间，能够保留属性中那些最重要的属性，从而更精确地描述入侵行为。ICA 也是一种用于数据特征提取的线性变换技术，与 PCA 的主要区别：PCA 分析仅利用数据的二阶统计信息，所得的数据特征彼此正交；而 ICA 分析利用了数据的高阶统计信息，强调的是数据特征之间的独立性。

（四）模式匹配算法研究

模式匹配主要指字符串的模式匹配，就是在文本中搜索给定的字符串，被广泛地应用于病毒扫描、入侵检测及信息搜索。模式匹配算法分为单模式匹配算法和多模式匹配算法两种。单模式匹配算法一次只能在文本中对一个模式串进行匹配；多模式匹配算法一次可以同时对多个模式串进行匹配，其效率上远远高于单模式匹配算法。

单模式匹配算法主要有 BF 算法、KMP 算法、BM 算法、RK 算法、BMH 算法、QS 算法等。其中，KMP 算法、BM 算法以及 RK 算法比较有创新性，而 BMH 算法和 QS 算法则是对 BM 算法的一种改进。KMP 算法提出了一种对模式串中已匹配的子字符串的复用方法，通过对模式串的预处理，在进行模式匹配之前确定模式串不同位置可以向后移位的距离，从而提高模式串在文本中滑动的距离，并且字符串中的每个字符只匹配一次，实现了无回溯匹配。BM 算法开创性地采用了从右向左的匹配方法，同时提出了坏字符原则（Bad Character）和好后缀原则（Good Suffix），进一步提高了模式串匹配时的移动距离。RK 算法则结合哈希（Hash）方法和素数理论进行模式匹配，取得了较好的匹配效果，并且哈希方法的应用也为多模式匹配算法所借鉴，如著名的 Wu-Manber 算法。

多模式匹配算法能够同时匹配多个模式，比单模式匹配算法具有更大的实用性，是研究的重点。目前主要的多模式匹配算法有 AC 算法、AC-BM 算法、Wu-Manber 算法。AC 算法是基于有限状态自动机（Finite State Automation，FSA）的，在进行模式匹配之前，首先对模式串进行预处理，生成 FSA 树（即匹配树），然后通过对文本串的一次扫描来完成对所有模式串的匹配。AC 算法支持多模式匹配，但是必须逐一地查看文本串的每个字符，考虑到 BM 算法能够利用转移表跳过文本中的大段字符的特点，Jason、Staniford 等人提出了 AC-BM 算法。该算法结合了 AC 算法和 BM 算法的特性，利用劣势移动表和优势跳转表来实现跳跃式的并行搜索，从而提高了搜索速度。类似的结合 AC 算法和 BM 算法特性的算法，还有 Commentz-Walter 算法、Baeza-Yates 算法等。

Wu-Manber 算法采用了 BM 进行跳跃的思想和 Hash 散列的方法，在实际应用中，是大规模多模式匹配最快的算法之一。Wu-Manber 算法分为两个阶段，即预处理阶段和字符串搜索阶段。在预处理阶段，Wu-Manber 算法通过对模式串的分析确定匹配窗口的大小并创建三个数据表：转移表（Shift Table）、前缀表（Prefix Table）、后缀表（Suffix Table）。匹配窗口的大小由最短的模式串的长度决定；转移表根据坏字符原则建立起块字符（一般为两个字符）的转移距离；后缀表通过计算模式串中匹配窗口内后缀块字符的哈希值，将具有相同哈希值的模式串联成单向链表的形式，存储在后缀表中对应哈希值的位置；前缀表与后缀表类似，不过使用的是模式串中的前缀块字符。字符串匹配过程分为三步，首先，根据文本串在匹配窗口内的后缀块字符查转移表，确定转移距离，根据转移距离滑动匹配窗口；其次，如果转移距离为“0”，则意味着是可能的匹配入口，根据后缀块字符查后缀表，找到所有具有相同后缀块字符的模式串的链表的入口；最后，计算匹配窗口内前缀块字符的哈希值，遍历链表、计算链表中模式串的前缀块字符的哈希值，搜索具有相同前缀哈希值的模式串。

Wu-Manber 算法具有很好的实用性，得到了广泛的研究和应用，目前，针对 Wu-Manber 算法，人们提出了很多改进方案。有的方法从转移距离的角度出发，通过将 QS 算法中的方法用于 Wu-Manber 算法来提高匹配窗口的转移距离；有的方法通过对模式串的分析，利用数学方法通过计算来获得尽可能大的转移距离；有的方法从 Wu-Manber 实现的角度出发，通过简化操作过程来简化 Wu-Manber 算法的实现，提高性能；有的方法从 Wu-Manber 算法在实际应用中存在的问题的角度出发，通过特别设计弥补 Wu-Manber 的缺陷，如 Wu-Manber 算法对短模式处理能力很差，需要遍历整个链表等。这些改进的 Wu-Manber 算法都取得了不错的效果，如著名的网络入侵检测系统 Snort 就采用了一种改进的 Wu-Manber 算法 MWM（Modified Wu-Manber），它采用转移表和前缀表来实现模式串的过滤和匹配。

（五）入侵检测方法研究

入侵检测方法可以分为两类：异常入侵检测（Anomaly Detection）和误用入侵检测（Misuse Detection）。

异常入侵检测利用系统特性的统计信息来构造正常的行为模式，将那些与正常行为模式有差异的行为定性为入侵行为。异常检测依赖于异常模型的建立，模型不同检测方法也不同。异常检测的一个关键在于先验概率的获取，异常检测方法根据现有的样本分析其统计规律，从而对新的入侵行为进行判定，这种方法构造的入侵判定装置也称分类器，好的分类器能够对行为进行准确的分类，将其划分为入侵行为或正常行为。常用的异常入侵检测方法有基于特征选择的异常检测方法、基于贝叶斯推理的异常检测方法、基于贝叶斯网络的异常检测方法、基于模式预测的异常检测方法、基于贝叶斯聚类的异常检测方法、基于机器学习的异常检测方法、基于数据挖掘的异常检测方法、基于应用模式的异常检测方法、基于文本分类的异常检测方法、基于神经网络的异常检测方法、基于统计的入侵检测方法等。

误用入侵检测则是提取已知的入侵行为的特征，构造入侵行为的规则库，如果某个行为与规则库中的任意规则相匹配，则该行为为入侵行为。误用入侵检测的前提是对入侵行为的特征进行提取与编码，建立规则模式库，其检测过程主要是进行模式匹配。入侵特征描述了网络攻击的特征、条件、排列和关系等，其构造方式有很多，相应的误用入侵检测方法也多种多样，常用的误用检测方法有基于条件概率的误用检测方法、基于状态迁移分析的误用检测方法、基于键盘监控的误用检测方法、基于规则的误用检测方法、基于专家系统的误用检测方法、基于模型推理的误用检测方法、基于 Petri 网状态转换的误用检测方法等。

异常入侵检测能够识别新的入侵行为，具有较低的漏警率，但是却有很高的误警率。而误用入侵检测无法识别新的入侵行为，只能识别那些在其规则库中存在的入侵行为，具有较高的漏警率，但是却有很低的误警率。因此，异常入侵检测方法与误用入侵检测方法在功能上是互补的。考虑到这些特性，目前大多数入侵检测系统都同时采用了这两种方法，即混合型检测方法，主要有基于规范的检测方法、基于生物免疫的检测方法、基于伪装的检测方法、基于入侵报警的关联检测方法。

混合型入侵检测方法综合了异常和误用检测的优点，是目前入侵检测的研究重点，其设计目标是提高入侵检测的可靠性、准确性，降低检测的误警率和漏警率。

（六）响应机制研究

响应机制是入侵检测的重要功能模块。响应机制根据入侵检测的结果，采取必要和适当的动作，阻止进一步的入侵行为或恢复受损害的系统，同时，对数据源和入侵检测的分析引擎产生影响。针对数据源，响应机制可以要求数据源提供更为详细的信息，调整监视策略，改变收集的数据类型；针对分析引擎，可以更改检测规则、调整系统运行参数等。

响应机制的响应方式有两种：主动响应和被动响应。用户可以根据需要自行定制响应机制。在主动响应系统中，系统将自动或按照用户配置来阻断或影响攻击过程，可以采用的措施有针对入侵者采取措施、修正系统、收集更详细的信息等。在被动响应系统中，系统只报告和记录发生的事件。

在实际应用中，响应机制最重要的要求是在系统被入侵后能及时进行响应，如果响应不及时，系统就可能已经遭到严重破坏，入侵检测将失去意义，这就是实时响应的要求。

传统的响应方法是系统自动根据事先制定的规则进行反应，由于新的入侵手段的出现以及规则库的相对低智能，这种方法很难实现准确无误的响应。

代理技术的发展为实时响应提供了支持，基于分布式智能代理技术的实时响应机制，是当前研究的重点。分布式智能代理技术是当前远程通信发展最快的领域之一，它是指在分布式环境中，一组不同的代理彼此协作，互相通信，使各代理能够做出最理想的决策。它具有高度的智能化，能够独立做出各种决策来检测入侵并消除负面影响。基于分布式智能代理技术的实时响应机制，与入侵检测系统的体系结构研究紧密相关，采用的是主体型体系结构，需要有效设计系统中的各个功能模块及它们之间的通信协议。

（七）IDS 标准化

随着网络规模的扩大，网络入侵方式、类型及特征日趋多样化，入侵活动变得复杂而又难以捉摸，某些入侵行为只靠单一的入侵检测系统无法检测出来，需要多种安全措施协同工作才能有效保障网络系统的安全，这就要求各安全系统之间能够交换信息，相互协作，形成一个整体有效的安全保障系统，这就提出了入侵检测系统的标准化制定要求。

自 1997 年起，美国国防高级研究计划署（DARPA）和互联网工程任务组（IETF）的入侵检测工作组（IDWG）发起制定了一系列建议草案，从体系结构、API、通信机制、语言格式等方面规范了 IDS 的标准。目前，入侵检测标准化工作取得的成果有 DARPA 提出的公共入侵检测框架（Common

Intrusion Detection Framework，CIDF）和 IDWG 制定的数据格式和交换规程。

CIDF 的规格文档主要包括 4 部分：体系结构、IDS 通信机制、通用入侵描述语言（Common Intrusion Specification Language，CISL）、应用编程接口 API。

IDWG 定义了数据格式和交换规程，用于入侵检测与响应系统之间与需要交互的管理系统之间的信息共享，包括三部分：入侵检测消息交换格式（IDMEF）、入侵检测交换协议（IDXP）、隧道轮廓（Tunnel Profile）。

入侵检测系统的标准化工作提高了 IDS 产品、组件与其他安全产品之间的互操作性和互用性，使得多种安全技术及其产品能够协同工作，共同保障系统安全。

三、入侵检测技术分类

按照不同的分类方法，入侵检测技术有不同的类型。

（一）根据检测原理分类

根据入侵检测的原理可将入侵检测技术分为误用入侵检测技术和异常入侵检测技术。

误用入侵检测技术，也称滥用入侵检测技术，主要对入侵行为进行分析，提取其特征，生成规则并建立规则库。当要对某个行为进行入侵检测时，采用同样的方法提取该行为的规则，与规则库中的规则进行模式匹配，如果匹配成功，则表明该行为是入侵行为，否则，为正常的行为。误用入侵检测的工作原理与利用病毒库进行病毒扫描的工作原理类似，需要维护一个规则库，并且规则库需要不断更新。误用检测只能对已知入侵行为进行检测，技术的核心是入侵行为特征的提取，直接影响着入侵检测的准确性，因此，一般需要由安全专家对入侵行为进行特征分析，提取入侵行为的规则，这样的规则才能准确地描述入侵行为。

异常入侵检测技术：构造系统运行的正常行为轮廓，通过某个行为与正常行为轮廓之间的偏差来判断入侵。基本过程如下：总结正常操作应具有的特征，构建正常行为轮廓，当某个行为与正常行为有重大偏差时（达到设定阈值）即被认为是入侵行为。异常检测技术不需要预先定义入侵行为，因此能够有效检测未知的入侵。

（二）根据检测对象分类

根据入侵检测对象的不同，入侵检测主要有基于主机的入侵检测系统（HIDS）、基于网络的入侵检测系统（NIDS）和混合型入侵检测系统三种。

基于主机的入侵检测系统：系统分析的数据是计算机操作系统的事件日志、应用程序日志、安全日志和审计记录。主机型入侵检测系统保护的一般是所在的主机系统，可由代理来实现。所谓代理，是运行在主机上的小程序，可收集主机系统日志、分析日志、产生结果并与命令控制台通信。

基于网络的入侵检测系统：系统分析的数据是网络上的数据包。基于网络的入侵检测系统由遍及网络的传感器组成，担负保护整个网段的任务。传感器是一台将以太网卡设置为混杂模式的计算机，可以捕获任何流经网卡接口链路的网络数据包。

混合型入侵检测系统：无论是基于主机的入侵检测系统还是基于网络的入侵检测系统，其检测的对象都比较片面，会造成防御体系的不全面。混合型入侵检测系统综合了主机型和网络型入侵检测系统的优点，能够对主机和网络进行入侵检测，从而提供全方位的安全保护。

（三）根据体系结构分类

根据体系结构，可将入侵检测系统分为集中式入侵检测系统和分布式入侵检测系统两种。

集中式入侵检测系统：集中式入侵检测系统中，数据收集、分析和响应等模块都集中运行在一台主机上，这样的操作虽然简单，但是随着网络的发展和网络数据流量的增加，会导致计算机负担过重，无法承担所有入侵检测工作，并且如果这台主机受到攻击而停止工作，则整个网络将处于危险之中。这种单点故障问题是所有集中式处理系统的通病。

分布式入侵检测系统：分布式入侵检测系统是由分布在网络上不同位置的检测部件所组成的，它不仅能检测到针对单个主机的入侵，也能检测到针对整个网络的入侵。分布式入侵检测系统在很大程度上解决了传统集中式入侵检测系统处理能力有限且容易单点失效的问题。根据检测部件之间的关系，分布式入侵检测系统又可分为层次式、协作式和对等式三种。

层次式：层次式入侵检测系统将数据收集的工作分布在整个网络中，并将所获取的数据传送到更高一层的分布式数据分析模块，经过初步分析后，将结果送入全局的分析模块进行判断和决策。层次式入侵检测系统的缺点在于难以完全适应网络拓扑的变化，如果上层的入侵检测模块受到攻击，则该系统的有效性将大大降低。

协作式：协作式入侵检测系统的数据分析模块相对独立，因此具有较层次式入侵检测系统更好的独立性。它的缺点是存在单点故障的风险。

对等式：对等式入侵检测系统的各模块地址和作用都平等，因此整个系统拥有很好的伸缩性，真正避免了单点故障问题。对等式入侵检测系统所面临的问题是入侵检测系统同伴间的通信较为复杂。

四、入侵检测系统的度量标准

衡量入侵检测系统性能的指标主要有三项：准确性指标、效率指标、系统指标。

（一）准确性指标

准确性指标是入侵检测系统最重要的指标，准确地检测入侵是入侵检测系统的根本职能。准确性指标在很大程度上取决于测试时采用的样本集和测试环境。准确性指标下面又可以细分为三个指标，即检测率、误报率和漏警率。

检测率是当入侵发生时，系统能够正确报警的概率。通常利用已知入侵攻击的实验数据集合来测试入侵检测系统的检测率。

检测率=入侵报警的数量/入侵攻击的数量

误报率是系统把正常行为当成入侵攻击而进行报警的概率或将一种入侵攻击错误地报告为另一种攻击的概率。

误报率=错误报警数量/（总体正常行为样本数量+总体攻击样本数量）

漏警率是指当入侵发生时系统不能正确报警的概率。通常利用已知入侵攻击的实验数据集合来测试系统的漏警率。

漏警率=不能报警的数量/入侵攻击的数量

（二）效率指标

效率指标反映的是入侵检测系统的工作效率，根据用户系统的实际需求，以保证检测质量为准。效率指标主要包括系统最大处理能力、每秒并发 TCP 会话数、最大并发 TCP 会话数等。

系统最大处理能力：入侵检测系统在检测率下系统没有漏警的最大处理能力，目的是验证系统在检测率下能够正常报警的最大流量。

每秒并发 TCP 会话数：入侵检测系统每秒最大可以增加的 TCP 连接数。

最大并发 TCP 会话数：入侵检测系统最大可以同时支持的 TCP 连接数。

（三）系统指标

系统指标主要表征系统本身运行的稳定性和使用的方便性。系统指标主要包括最大规则数、平均无故障间隔等。

最大规则数：系统允许配置的入侵检测规则的最大数量，衡量的是系统本身对规则的处理能力。

平均无故障间隔：系统无故障连续工作的平均时间，衡量的是系统工作的稳定性。

第三节　智能手机信息安全分析

移动互联网是移动和互联网融合的产物，继承了移动随时随地随身和互联网分享、开放、互动的优势，是整合二者优势的“升级版本”，即运营商提供无线接入，互联网企业提供各种成熟的应用。移动互联网业务和应用，包括移动环境下的网页浏览、文件下载、位置服务、在线游戏、视频浏览和下载等业务。

随着宽带无线移动通信技术的进一步发展，移动互联网业务的发展将成为继宽带技术后互联网发展的又一个推动力，为互联网的发展提供一个新的平台，使得互联网更加普及，并以移动应用固有的随身性、可鉴权、可身份识别等独特优势，为传统的互联网类业务提供新的发展空间和可持续发展的新商业模式；同时，移动互联网业务的发展，为移动网带来了无尽的应用空间，促进了移动网络宽带化的深入发展。移动互联网业务正在成长为移动运营商业务发展的战略重点。

小巧轻便及通信便捷两个特点，决定了移动互联网与 PC 互联网存在差异，移动互联网不仅可以使人们“随时、随地、随心”地享受互联网业务带来的便捷，还有着更丰富的业务种类、个性化的服务和更高服务质量的保证，当然，移动互联网在网络和终端方面也受到了一定的限制。与传统的桌面互联网相比较，移动互联网具有以下几个鲜明的特性：

第一，便捷性和便携性。移动互联网的基础网络是一张立体的网络，GPRS、3G、4G 和 WLAN 或 Wi-Fi 构成的无缝覆盖，使得移动终端具有通过上述任何形式方便联通网络的特性；移动互联网的基本载体是移动终端，顾名思义，这些移动终端不仅仅是智能手机、平板电脑，还有可能是智能眼镜、手表、服装、饰品等各类随身物品，它们属于人体穿戴的一部分，随时随地都可使用。

第二，即时性和精确性。由于有了上述便捷性和便利性，人们可以充分利用生活中、工作中的碎片化时间，接受和处理互联网的各类信息，而不必再担心有任何重要信息、时效信息被错过。无论什么样的移动终端，其个性化程度都相当高。尤其是智能手机，每一个电话号码都精确地指向了一个明确的个体，从而提供更为精准的个性化服务。

第三，感触性和定向性。这一点不仅仅体现在移动终端屏幕的感触层面，更重要的是体现在照相、摄像、二维码扫描以及重力感应、磁场感应、移动感应、温湿度感应等无所不及的感触功能方面。而基于LBS的位置服务，不仅能够定位移动终端，甚至可以根据移动终端的趋向性确定下一步可能去往的位置，使得相关服务具有可靠的定位性和定向性。

第四，业务与终端、网络的强关联性和业务使用的私密性。移动互联网业务受网络及终端能力的限制，因此，其业务内容和形式也需要适合特定的网络技术规格和终端类型。使用移动互联网业务时，用户所使用的内容和服务会更私密，如手机支付业务等。

第五，网络的局限性。移动互联网业务在给人们带来便携的同时，也受到了来自网络能力和终端能力的限制：在网络能力方面，受到无线网络传输环境、技术能力等因素限制；在终端能力方面，受到终端大小、处理能力、电池容量等的限制。

以上这五大特性，构成了移动互联网与桌面互联网完全不同的用户体验。移动互联网已经完全渗入人们生活、工作、娱乐的方方面面。

据美国Zenith最新研究报告，到2018年，全球智能手机用户数量还将稳步上升，在这其中，中国为当之无愧的用户大国，其智能手机用户数量将达到13亿人次，位居全球第一。然而，随着智能手机用户数量的不断增长与各种应用程序的不断普及，智能手机安全问题也随之日益凸显。

一、系统安全分析

首先，智能手机系统缺陷。2012年8月，手机应用系统“苹果越狱大神Pod2g”爆出一个“iPhone短信欺骗漏洞”，该漏洞在iPhone上已存在5年之久。该漏洞在UDH（User Date header）中插入自定义回复地址的号码，通过PDU模式将构造后的短消息发送给iPhone用户，目标iPhone用户收到的短消息，显示的消息来源便是构造短信里UDH中插入的号码，进而实现了iPhone短信欺骗。该漏洞被恶意攻击者利用，伪造用户熟知的联系人，发送各种垃圾短信、诈骗信息，间接导致用户秘密信息泄露，并造成不同程度的经济损失。

其次，智能手机操作系统源码开放。众所周知，Android（安卓）操作系统开放源代码，是一个具有极强开放性的平台。然而，它的开放性引发了人们对于系统的深度研究，攻击者可以轻松获取 Google Play 中的软件，通过逆向工程还原成源代码，经过修改加入恶意代码后将之打包，再将其发布。众多良莠不齐的应用和论坛网站，成为滋生各种恶意程序及恶意行为的“温床”。上海复旦大学计算机学院研究表明，国内市场中近六成的 Android 应用程序有问题，总体泄密率高达 58%。相对而言，iPhone 的非公开编程语言反汇编难度很高，因此，其安全威胁要小得多。

针对智能手机系统自身导致的一些安全问题，可以通过以下几种方式来加强信息安全管理。

第一，检查数字签名。检查所有智能手机设备的可执行文件和安装文件的数字签名。这些数字签名包括塞班（Symbian）或微软 Mobile 2 Market 签署的认证程序，通过这类智能手机管理工具来管理安装文件，可以帮助用户防范恶意软件的自动安装。另外，智能手机厂商可以创建移动软件白名单和黑名单，向手机用户普及安全防护意识，引导用户避免运行未签名代码。

第二，用户访问控制。加强智能手机操作系统的访问控制，区分普通用户与 root 权限用户的访问权限，阻止恶意软件篡改文件和调用敏感功能。例如，安卓的权限管理策略可以限制程序访问系统和用户的文件。配置这些访问控制策略有利于阻止间谍软件窃取数据，防止为特洛伊木马留下“后门”。

第三，安装手机安全程序。智能手机在出厂时没有安装防火墙、杀毒软件或垃圾邮件过滤器，手机用户可以考虑通过安装常驻于系统的安全程序来弥补这些安全空缺。例如，用户可以在智能手机操作系统上安装防病毒软件、短信管理软件以及反垃圾邮件程序。

二、通信安全分析

造成上述智能手机通信安全威胁的技术原因主要有两点，其一是身份认证时仅使用了单向鉴权，其二是在数据的传输过程中采用的是不加密通信。

第一，单向鉴权认证。单向鉴权是指身份认证过程中，Wi-Fi 热点会对接入终端进行身份鉴别，只有已被授权的用户才能通过该热点接入网络。通常，智能手机用户需要利用账号密码登录认证后才能接入 Wi-Fi 网络。然而，用户却不会辨别 Wi-Fi 热点是否合法、可靠，那么黑客就可以利用虚拟 Wi-Fi 软件自制迷惑性 Wi-Fi 热点，允许对移动终端的不鉴权接入，一旦智能手机用户连接上了这个热点，所有数据必定要通过黑客的计算机转发出去，黑客就可以通过抓包软件，记录下智能手机用户所有的上网数据，并分析出其上网轨迹以及发送给服务器的各种账号和密码。

第二，不加密通信。造成智能手机通信安全问题的另一主要原因，便是在数据传输过程中采用的是不加密通信。不加密通信造成的安全风险更大，手机用户即使连接在运营商的 Wi-Fi 热点上，黑客也可以通过“旁听”的方式进行数据窃取，这是由无线传输区别于有线传输的特殊性质造成的。因为无线传输主要靠电磁波来传送信息，而电磁波一旦发出便是不可控的，所以它会往空间的各个方向传送出去，此时黑客只需要接收这些无线信号，经解码后就能获得所有的通信数据。

针对以上智能手机通信安全性问题，从运维管理的角度来说，如果能做到以下几点，则可大幅度地降低安全风险。

第一，双向鉴权验证热点合法性。对于黑客制造的 Wi-Fi 陷阱，如果让智能手机用户去辨别，难度很大，因此，必须从热点管理的角度去解决这个问题。Wi-Fi 处于免费使用的无线频段范围内，任何单位或个人都可以随意部署 Wi-Fi 热点，目前也没有职能部门对这些免费资源进行监督管理。建议相关人士可以成立民间公共 Wi-Fi 管理委员会，收集、发布可信的 Wi-Fi 接入点列表并公布于社会，以建议性文件的方式，提示智能手机用户接入安全的免费 Wi-Fi 连接，以人工鉴权的方式实现对 Wi-Fi 热点的合法性确认。

第二，加强 ARP 防御。连接了可信的 Wi-Fi 热点后也存在一定的风险，因为如果黑客同时连接了这个热点，便可以发起 ARP 攻击，劫持智能手机用户的访问请求，在应用层加密前采集到用户的访问账号与密码。

第三，数据加密降低被窃听风险。目前几乎所有的免费 Wi-Fi 网络都使用不加密开放网络 +802.1x 身份认证机制，这种机制便于热点的快速部署，但在信息安全问题日益严重之际，已不能很好地保护智能手机用户数据安全，必须做出改变和更新。从空口接入上，建议设备运维机构改变数据传输机制，采用企业级 WPA2 加密，密钥和证书则通过 2G 或 3G 网络发送给网络终端，这样既可以完成原有的身份认证功能，又能对空口数据进行加密，防止被不法分子窃听。

在数据传输上，可以使用虚拟专用网络技术，即通过隧道技术、加解密技术、密钥管理技术和使用者与设备身份认证技术，在公用网络服务商所提供的网络平台中建立专有的逻辑链路，供智能手机用户传输数据，以保证即便是空口加密被破解，黑客也不可能获取用户数据的具体内容。

三、云的安全问题分析

在移动互联网兴起与云计算普及的技术背景下，“云”的概念也逐渐被应用于智能手机的各种业务。目前，在智能手机行业里，加拿大 RIM 公司提供的黑莓企业应用服务、微软公司推出的 Live Mesh 应用服务、苹果公司推出的 Mobile Me 服务，均采取了云计算的服务模式。通过云计算的应用，智能手机终端的功能可以大大简化，许多复杂的计算与程序处理都将转移到大规模服务器集群所构建的云端进行。用户通过智能手机终端接入网络，向云端提出需求；云端接受请求后组织资源，通过网络为客户端提供各种服务。但是，其仍存在不可避免的安全问题。

第一，云的集中化带来的信息泄露。不难想象，云安全计划的参与者越多，云的力量就越强大，整个智能手机网络就越安全。然而，水能载舟亦能覆舟，当云的系统变得更加集中化时，移动终端提交的个人数据和样本将越来越多地被暴露。此时，允许终端用户从任何地方访问数据，这将带来巨大的安全风险，云系统将可能成为探测隐私的绝佳武器。

第二，云的集中化带来的存储安全。云的集中化能够放大正向能量，云的过度集中也将以同样的方式带来负面效应的汇聚。2009 年 10 月，由微软负责提供软件运维的 Sidekick（智能手机品牌）手机服务遭遇技术故障，使得存储在云端服务器上的智能手机用户的联系人、照片以及其他用户个人信息完全丢失，导致手机用户不能访问邮件、日历等个人数据。事后，微软承认在技术故障中完全失去了云存储数据，显然，相关工作人员对于云存储的数据并未作备份。

第三，云的集中化带来的服务安全问题。2009 年 3 月，微软云计算平台 Azure 停止运行约 22 个小时，云服务中断；2009 年 6 月，Rackspace 供电设备跳闸，备份发电机失效，不少机架上的服务器停机，导致云服务中断；2011 年 4 月，亚马逊某云计算中心的宕机导致云服务中断 4 天。频频不断的云服务中断事件，使得依赖于这些云端服务的网站和企业受到了不同程度的影响，同时也进一步加深了人们对于云安全的质疑。

业界普遍认为云策略是行业未来的发展趋势。然而，以上几起云安全事件事关云端数据的安全、存储安全以及服务安全，暴露了云自身的安全隐患，更让人担心云策略的安全性。

针对云可能带来的安全问题，如何从云端采取行动，尽量降低智能手机终端被攻击的可能性，保证数据及其他信息的安全，是人们研究的重点。海量数据是“云计算”“云安全”的命脉，本书主要围绕数据安全给出以下几方面考虑：

第一，自建私有云。部分移动终端应用服务商将计算与存储外包给第三方公有云来做系统的运维，虽然具有很大的灵活性和成本方面的优势，然而，计算与存储的外包意味着数据的外包，而数据的外包又极大程度地降低了数据的可控性，直接导致数据安全性的下降。因此，有条件的应用服务商应尽量根据企业的需求量体裁衣，自创私有云框架，建立和维护私有云，增强对存储云数据的可控性。

第二，数据的加密上传与存储。数据加密是保护云端数据的基本手段，可以采用用户上传敏感数据之前进行数据加密的方式来保护数据安全。这样即使攻击者获得了完整数据也无法知晓加密前的内容，从而保护了云中存储的数据。此外，在服务程序调用加密数据的过程中，可以利用虚拟机技术使加密数据在指定的空间被解密释放，通过内存隔离的方式保证数据在内存中的信息安全。以上两种加密策略，既可以保证数据的传输安全，又确保了数据的本地存储安全。

第三，权限访问控制。如果不限制云端运维人员的数据访问权限，那么云端数据就没有任何机密性可言。因此，很重要的一点是根据运维人员的不同工作任务，对其访问数据的权限进行严格的访问权限分级与限制。此外，还可以根据访问用户的物理位置来进行数据的区域访问控制。

第四，提高云端的综合服务能力。一方面，加强云端系统及其应用程序的“健壮性”与安全性建设，尽量减少云端系统与应用程序方面的漏洞，在云端的外部打造“钢铁长城”，防止外部“黑手”的入侵。另一方面，根据云端服务系统的实际情况来定制容灾备份的一体化解决方案，做好数据的实时备份与瞬间恢复，即使云端服务器发生恶意的程序破坏、文件损毁、人为误删误改、宕机等意外，都可保障数据安全无虞。

当前，智能手机面临着恶意程序破坏、数据泄露、信息窃听等诸多信息安全威胁。本书根据当前手机信息安全发展的现状，从智能手机的系统安全、通信安全以及新兴的云安全等几个方面，对智能手机可能面临的安全风险进行了简要剖析，并针对目前的安全现象，提出了相应的应对策略。然而，从大环境来看，移动终端信息安全的健康、快速发展，还需要国家政策与相关立法的大力支持。中华人民共和国工业和信息化部发布的《关于加强移动智能终端进网管理的通知》，规定申请入网的智能手机终端不得安装有恶意代码或者擅自调用终端通信功能而造成用户流量耗费、费用损失、信息泄露的软件。相关政策法规的制定和完善，将进一步维护用户的个人信息安全与合法权益，将为智能手机用户提供更大的信息安全保护屏障。

第五章　网络安全与建模分析

第一节　网络安全及网络攻击

众所周知，信息是社会发展的重要战略资源。国际上围绕信息的获取、使用和控制的斗争愈演愈烈，信息安全成为维护国家安全、经济安全和社会稳定的焦点，网络安全从本质上来说就是网络上的信息安全。

一、网络安全概述

随着互联网的迅猛发展和网络社会化的到来，网络已经无所不在地影响着社会的政治、经济、文化、军事、意识形态和社会生活等各个方面。同时，在全球范围内，针对重要信息资源和网络基础设施的入侵行为仍在持续增加，网络攻击与入侵行为对国家安全、经济和社会生活造成了极大的威胁。因此，网络安全已成为世界各国当今共同关注的焦点。

（一）网络安全的概念

网络安全涉及计算机科学、网络技术、通信技术、密码技术、信息安全技术、应用数学、数论、信息论等多学科、多技术。网络安全是指网络系统的硬件、软件及其系统中的数据受到保护，不受偶然的或者恶意的原因而遭到破坏、更改、泄露，系统连续、可靠、正常地运行，网络服务不中断的情况。网络安全既有技术方面的需要，也有管理方面的需要，两方面相互补充，缺一不可。网络安全从其本质上来讲就是网络上的信息安全。从广义上来说，网络安全还包括计算机安全、通信安全、操作安全、访问控制、实体安全、系统安全、网络站点安全，以及安全管理和法律法规等诸多内容，凡是涉及网络上信息的保密性、完整性、可用性和可控性的相关技术和理论，都是网络安全的研究领域。

网络安全的具体概念会随着使用者的变化而变化，使用者不同，对网络安全的认知和要求也会不同。比如，从普通使用者的角度来说，可能仅仅希望个人隐私或机密信息在网络上可靠传输并被保护，避免被窃听和篡改；而网络服务提供商除了关心这些基本的网络信息安全外，还要考虑如何应对一些人为或自然的突发事故，如自然灾害、战争等对网络设备的破坏以及在网络异常的时候如何尽快恢复网络以保持网络的连续可用性。

网络安全应该在网络的开放灵活性和系统安全性之间寻找平衡，不能一味地追求开放灵活而导致信息的严重泄密和系统的脆弱，也不能因为保证安全而牺牲网络天生固有的开放特性，兼顾二者，才能够最大限度地发挥网络的优越性。一般来说，网络安全应该具有以下四个方面的特征：

第一，保密性，是指信息不泄露给非授权用户。信息系统要防止信息的非法泄露，保证信息只限于授权用户使用。保密性主要通过信息加密、身份认证、访问控制、安全通信协议等技术实现，信息加密是防止信息非法泄露的最基本手段。

第二，完整性，是指信息未经授权不能进行改变的特性，即信息在存储或传输过程中保持不被修改、不被破坏和丢失的特性。完整性与保密性的侧重点不同，保密性强调信息不能被泄露，而完整性强调信息在存储和传输过程中不能被偶然或蓄意修改、删除、伪造、添加、破坏或丢失，信息在存储和传输过程中必须保持原样。信息完整性表明了信息的可靠性、正确性、有效性和一致性，只有完整的信息才是可信任的信息。完整性主要通过信息的加密、归档、备份、镜像、校验、崩溃转存和故障前兆分析等技术来实现。

第三，可用性，是指信息可被授权实体访问并按需求使用的特性，即当需要时能否存取所需的信息。例如，网络环境下拒绝服务、破坏网络和有关系统的正常运行等，都属于对可用性的攻击。可用性是信息系统面向用户服务的安全特性，信息系统只有持续可用，授权用户才能随时、随地根据自己的需要使用信息系统提供的服务。可用性体现为信息系统的可靠性，是所有信息系统正常运行的基本前提。

第四，可控性，是指信息系统对信息的传输及内容具有控制能力的特性。信息系统要保护可控授权范围内的信息流向及其行为模式，记录用户的所有网络活动，控制用户访问信息的权限和方式。对于网络用户来说，即使其拥有合法的授权，仍必须进行身份认证。

近年来，有些安全专家在此基础上对网络安全提出了一些其他需求，比如拒绝否认性，也称不可抵赖性或不可否认性，拒绝否认性是指通信双方不能抵赖或否认已完成的操作和承诺，用户既不能抵赖自己曾做出的行为，也不能否认曾接收到对方的信息。利用数字签名能够防止通信双方否认曾经发送和接收信息的事实。

总之，网络安全的最终目标就是通过各种技术与管理手段实现网络信息系统的保密性、完整性、可用性和可控性。

一般来说，网络安全问题可以从三方面来考虑：软件漏洞、物理安全、网络结构。

第一，软件漏洞。网络本身是为了方便管理各种信息资源，服务于各种授权用户而存在的。为了管理信息和给用户提供各种服务，势必会在网络中部署诸多应用软件和系统软件，比如，TCP/IP 协议栈的实现、FTP 服务软件、Apache Http 服务软件、Microsoft Office、Windows 系列操作系统、Linux 系列操作系统和 Oracle 数据库等软件。这些软件提供直接暴露于用户的服务，受到攻击的风险非常大，如果软件质量有瑕疵，便会给整个网络的安全性埋下重大的隐患，一旦出现软件漏洞，就会危及整个网络的安全。

软件漏洞是指在设计与编制软件时没有考虑对非正常输入进行处理或

错误代码而造成的安全隐患。软件漏洞也称软件脆弱性（vulnerability）或软件隐错(bug)。软件发布在最短的时间内被发现和利用的漏洞叫作“0-day”漏洞。软件漏洞产生的主要原因是软件设计人员不可能将所有输入都考虑周全，因此，软件漏洞是任何软件都存在的客观事实。软件产品在正式发布之前，一般都要相继发布 α 版本、β 版本和 γ 版本供反复测试使用，目的就是尽可能地减少软件漏洞。随着软件规模的不断增大，漏洞出现的概率也随之增大、数量也随之增多，成为信息系统的一个巨大隐患。尤其是“0-day”漏洞，其从被发现到被利用来实施攻击的时间很短，一般都在24小时之内，因此，部署相应的补丁或升级程序会严重滞后于攻击，这致使整个网络在没有防护的情况遭受攻击从而导致大规模的瘫痪。多年以来，在数不胜数的计算机软件中，已经发现了不计其数能够削弱安全性的缺陷，并且新的安全漏洞仍在不断出现。

第二，物理安全。网络的物理安全是整个网络系统安全的前提。网络系统属于弱电工程，耐压值很低，因此，在网络工程的设计和施工中，必须优先考虑保护人和网络设备不受电、火灾和雷击的侵害；考虑布线系统与照明电线、动力电线、通信线路、暖气管道及冷热空气管道之间的距离；考虑布线系统和绝缘线、裸体线以及接地与焊接的安全；必须建设防雷系统，不仅要考虑建筑物防雷，还必须考虑计算机及其他弱电耐压设备的防雷。

总体来说，物理安全的风险主要有地震、水灾、火灾等环境事故，电源故障，人为操作失误或错误，设备被盗、被毁，电磁干扰，线路截获。此外，还要考虑高可用性的硬件、双机多冗余的设计、机房环境及报警系统、安全意识等。

第三，网络结构。网络结构，尤其是网络拓扑结构设计直接影响到网络系统的安全性。假如在外部和内部网络进行通信，内部网络的机器安全就会受到威胁，同时也影响在同一网络上的许多其他系统。通过网络传播，还会影响到连接在 Internet/Intrant 上的其他网络；影响所及，还可能涉及法律、金融等安全敏感领域。因此，设计时将公开服务器（Web、DNS、E-mail

等）和外网及内部其他业务网络进行必要的隔离，可避免网络结构信息外泄；同时，还要对外网的服务请求加以过滤，只允许正常通信的数据包到达相应主机，其他的服务请求在到达主机之前就应该被拒绝。

（二）网络安全策略

网络安全策略是保障机构网络安全的指导文件，一般而言，网络安全策略包括总体安全策略和具体安全管理实施细则。总体安全策略用于构建机构网络安全框架和战略指导方针，包括分析安全需求、分析安全威胁、定义安全目标、确定安全保护范围、分配部门责任、配备人力物力、确认违反策略的行为和相应的制裁措施。总体安全策略只是一个安全指导思想，在总体安全策略框架下，针对特定应用制定的安全管理细则，规定了具体的实施方法和内容。安全策略的制定应当满足以下几个原则：

第一，均衡性原则。网络安全策略需要在安全需求、易用性、效能和安全成本之间保持相对平衡，科学地制定均衡的网络安全策略，是提高投资回报和充分发挥网络效能的关键。

第二，时效性原则。影响网络安全的因素随时间有所变化，导致网络安全问题具有显著的时效性。

第三，最小化原则。网络系统提供的服务越多，安全漏洞也就越多、威胁也就越大。因此，应当关闭网络安全策略中没有规定的网络服务；以最小限度原则配置满足安全策略定义的用户权限；及时删除无用账号和主机信任关系，将威胁网络安全的风险降至最低。

在实施网络安全策略时，主要的措施有以下几个：

第一，物理措施。例如，保护网络关键设备（如交换机、大型计算机等），制定严格的网络安全规章制度，采取防辐射、防火以及安装不间断电源等措施。

第二，访问控制。对用户访问网络资源的权限进行严格的认证和控制。例如，进行用户身份认证，对口令进行加密、更新和鉴别，设置用户访问目录和文件的权限，控制网络设备配置的权限等。

第三，数据加密。对网络中传输的数据进行加密，到达目的地后再解密还原为原始数据，目的是防止非法用户截获后盗用信息。加密是保护数据安全的重要手段。加密的作用是保障信息被人截获后不能读懂其含义。主要的加密算法有对称密码算法和非对称密码算法。

第四，防止计算机网络病毒。安装网络防病毒系统，定期更新系统补丁，定期检查系统。

第五，其他措施。其他措施包括信息过滤、容错、数据镜像、数据备份和审计等。近年来，围绕网络安全问题提出了许多解决办法，例如，防火墙技术。防火墙技术是通过对网络的隔离和限制访问等方法来控制网络的访问权限，从而保护网络资源。其他安全技术包括密钥管理、数字签名、认证技术、智能卡技术和访问控制等。

（三）网络安全模型

为了实现网络安全目标，安全研究人员希望通过构造网络安全理论模型获得完整的网络安全解决方案。早期的网络安全模型主要从安全操作系统、信息加密、身份认证、访问控制和服务安全访问等方面来保障网络系统的安全性，但网络安全解决方案是一个涉及法律、法规、管理、技术和教育等多个因素的复杂系统工程，单凭几个安全技术不可能保障网络系统的安全。事实上，绝对的安全只是一个理念，不可能将所有可能的安全隐患都考虑周全。因此，理想的网络安全模型永远不会存在。

从 20 世纪 90 年代至今，对网络安全模型的研究，从不惜一切代价把入侵者阻挡在系统之外的防御思想，开始转变为预防—检测—攻击响应—恢复相结合的思想，出现了 PPDR（Policy/Protect/Detect/Response）与 PDRR（Protect/Detect/React/Restore）等网络动态防御体系模型，它们强调网络系统在受到攻击时的稳定运行能力。PPDR 和 PDRR 是重要的动态防御模型，目前该领域所进行的研究与产品开发都是对此模型的丰富与实现。

PPDR 模型包含四个主要部分，即安全策略、保护、检测和响应。PPDR 模型是在整体的安全策略的控制和指导下，在综合运用防护工具（如防火墙、身份认证、加密等）的同时，利用检测工具（如漏洞评估、入侵检测系统）了解和评估系统的安全状态，通过适当的响应将系统调整到一个比较安全的状态。保护、检测和响应组成了一个完整的、动态的安全循环。

安全策略是整个模型的核心，意味着网络安全要达到的目标，决定着各种措施的强度。保护是安全的第一步，包括制定安全规章（以安全策略为基础制定安全细则）、配置系统安全（配置操作系统、安装补丁等）、采用安全措施（安装使用防火墙、IDS 等）。检测是对上述二者的补充，通过检测发现系统或网络的异常情况，发现可能的攻击行为。响应是在发现异常或攻击行为后系统自动采取的行动，目前的入侵响应措施比较单一，主要就是关闭端口、中断连接、中断服务等。PPDR 模型体现了防御的动态性和基于时间的特性：它强调了系统安全的动态性和管理的持续性，以入侵检测、漏洞评估和自适应调整为循环来提高网络安全。在时间特性上，该模型引入实时检测的概念。PPDR 模型提出的安全目标，实际上就是尽可能地增加保护时间，尽量减少检测时间和响应时间。

最近，安全的概念已经从信息安全扩展到了信息保障，信息保障内涵已超出传统的信息安全保密，是保护、检测、反应、恢复的有机结合，称为 PDRR 模型。PDRR 模型把信息的安全保护作为基础，将保护视为活动过程，要用检测手段来发现安全漏洞，及时更正；同时，采用应急响应措施对付各种入侵；在系统被入侵后，要采取相应的措施将系统恢复到正常状态，这样能使信息的安全得到全方位的保障。该模型强调的是自动故障恢复能力。

二、网络攻击与网络入侵

因特网是一个面向大众的开放系统，对于信息的保密和系统的安全，考虑得并不完备，网络与信息安全问题随着网络技术的不断更新而越发严重。传统的安全防护手段（如防火墙、入侵检测、安全漏洞探测和虚拟专用网等），在层出不穷的网络攻击技术面前显得有些力不从心。对网络攻击行为和网络攻击技术进行充分的了解和透彻的研究，是确保网络安全的关键。

（一）网络攻击的基本概念

网络攻击就是任何试图去摧毁、暴露、修改和盗取非授权访问或使用信息的行为。一般把以干扰破坏网络服务为主要目的的行为叫作网络攻击或主动攻击，而把以窃取网络信息资源为主要目的的行为叫作网络入侵或被动攻击。网络攻击主要破坏信息的完整性和可用性，网络入侵则主要破坏信息的保密性。网络攻击和网络入侵之间没有明显、确定的界限，从技术上来看，网络入侵是网络攻击的一种。

网络攻击既可以来自网络内部，也可以来自网络外部。因为内部人员位于信任范围内，熟悉敏感数据的存放位置、存取方法、网络拓扑结构、安全漏洞及防御措施，而且多数机构的安全保护措施都是“防外不防内”，所以绝大多数蓄意攻击来自内部而不是外部。

外部攻击主要来自网络黑客、敌对势力、网络金融犯罪分子和商业竞争对手等。早期“黑客”一词并无贬义，是指独立思考、智力超群、精力充沛、热衷于探索软件奥秘和显示个人才干的计算机迷，但国内多数传播媒介将“黑客”作为贬义词使用，泛指利用网络安全漏洞蓄意破坏信息资源保密性、完整性和有效性的恶意攻击者。

（二）常见的网络攻击及其防御手段

常见的网络攻击主要有信息收集型攻击、虚假消息攻击、网络嗅探监听、拒绝服务攻击。

1. 信息收集型攻击

信息收集型攻击并不对目标本身造成危害，顾名思义，这类攻击被用来为进一步入侵提供有用的信息。这类攻击主要包括扫描技术、体系结构刺探以及利用信息服务。

第一，扫描技术。扫描技术通常分为地址扫描、端口扫描、反响映射和慢速扫描四种。

地址扫描：黑客可以运用ping这样的程序探测目标地址，如果目标地址对此做出响应，则表示其存在。这种攻击的防御很简单，在防火墙上可以直接过滤掉ICMP应答消息。基本上所有的防火墙都支持ICMP的过滤。

端口扫描：黑客通常使用一些软件，向大范围的主机连接一系列的TCP端口，扫描软件报告它成功地建立了连接主机所开的端口。许多防火墙能检测到是否被扫描并自动阻断扫描企图。

反响映射：黑客向主机发送虚假消息，然后根据返回“host unreachable”这一消息特征判断出哪些主机是存在的。目前由于正常的扫描活动容易被防火墙侦测到，黑客转而使用不会触发防火墙规则的常见消息类型，这些类型包括RESET消息、SYN-ACK消息、DNS响应包。对于这种攻击，NAT和非路由代理服务器能够自动抵御，也可以在防火墙上过滤“host unreachable”ICMP应答。

慢速扫描：由于一般扫描侦测器的实现是通过监视某个时间帧里一台特定主机发起的连接的数目（例如，每秒10次）来决定是否在被扫描的，这样黑客可以通过使用扫描速度慢一些的扫描软件进行扫描。防御时可以通过蜜罐架设引诱服务来对慢速扫描进行侦测。

第二，体系结构探测。黑客使用具有已知响应类型的数据库的自动工具，对来自目标主机的、对坏数据包传送所作出的响应进行检查。由于每种操作系统都有其独特的响应方法，将此独特的响应与数据库中的已知响应进行对比，黑客经常能够确定出目标主机所运行的操作系统。对于这类攻击，可以去掉或修改各种服务的Banner，包括操作系统和各种应用服务，阻断用于识别的端口，扰乱对方的攻击计划。

第三，利用信息服务。黑客可以利用一些公共的信息查询服务，比如DNS、finger、LDAP、whois等服务，查询相关主机的地址、注册等信息，以备后续攻击。

DNS域转换：DNS协议不对转换或信息性的更新进行身份认证，这使得该协议被人以一些不同的方式加以利用。如果你维护着一台公共的DNS

服务器，则黑客只需实施一次域转换操作就能得到你所有主机的名称以及内部 IP 地址。应对措施是在防火墙处过滤掉或限制域转换请求。

finger 服务：黑客可以使用 finger 命令来刺探一台 finger 服务器，以获取关于该系统的用户信息。为了安全，应当关闭 finger 服务并记录尝试连接该服务的对方 IP 地址，或者在防火墙上进行过滤。

LDAP 服务：黑客可以使用 LDAP 协议窥探网络内部的系统和它们的用户信息。对于刺探内部网络的 LDAP 请求，应当阻断并予以记录，如果在公共机器上提供 LDAP 服务，那么应把 LDAP 服务器放入防火墙的中立区（DMZ）。

whois 服务：whois 服务本身是为 Internet 提供目录服务，包括名字、通信地址、电话号码、电子邮箱、IP 地址等信息的。其结构是标准的 C/S 结构。当客户端发出一个查询请求时，服务端根据请求查询其所维护的数据库并将相应的记录返给客户端，客户端收到回应后便将结果打印出来。UNIX 操作系统一般都自带 whois 程序，Windows 下也有很多 whois 客户端软件可以使用。当前有诸多 whois 服务都以 Web 形式架设，比如亚太区的 APNIC 网站 http：//whois.apnic.net，省掉了客户端请求的过程，直接在浏览器上进行交互，大大方便了黑客获取公共信息。

2. 虚假消息攻击

虚假消息攻击用于攻击目标配置不正确的消息，主要包括 DNS 高速缓存污染、伪造电子邮件两种。

DNS 高速缓存污染：DNS 服务器与其他名称服务器交换信息的时候并不进行身份验证，这就使得黑客可以将不正确的信息掺进来并把用户引向黑客自己的主机，从而达到 DNS 欺骗的目的。因此，应当在防火墙上过滤入站的 DNS 更新请求，使外部 DNS 服务器不能更改用户的内部 DNS 服务器对内部主机的认识。

伪造电子邮件：SMTP 并不对邮件发送者的身份进行鉴定，因此，黑客可以对用户的内部客户伪造电子邮件，声称是来自某个客户认识并相信的人，并附带上可安装的特洛伊木马程序，或者是一个引向恶意网站的链接。对这种恶意电子邮件，可以使用PGP等安全工具并安装电子邮件证书，对邮件进行数字签名，并且维护一个邮件的spam列表，对于垃圾邮件，直接在邮件网关上进行过滤。

3. 网络嗅探监听

网络嗅探监听是以载波侦听/冲突检测技术为基础，以广播为传输机制的。载波侦听是指在网络中的每个站点都具有同等的权利，在传输自己的数据时，首先监听信道是否空闲，如果空闲，就传输自己的数据，如果信道被占用，就等待信道空闲。而冲突检测则是为了防止发生两个主机同时监测到网络没有被使用时而产生冲突。因为使用了广播机制，所以所有与网络连接的主机都可以看到网络上传递的数据。数据的传输是以网卡的MAC地址为标示的，需要通过ARP在IP地址和MAC地址作转换和解析。正常情况下，网卡只能收到MAC地址与自身相匹配的数据帧或是广播包，其余的帧统统丢弃，网卡的这种工作模式叫作非混杂模式。网卡还有另外一种工作模式，即混杂模式，即不管数据帧中的目的地址是否与自己的地址匹配，都接收下来。网卡的混杂模式便是网络嗅探监听的实现基础。在这种模式下，主机可以接收到本网段内在同一条物理信道上传输的所有信息，而不管信息的发送方和接收方是谁。

4. 拒绝服务攻击

造成网络拒绝服务的攻击行为被称为DoS攻击（拒绝服务攻击），其目的是使计算机或网络无法提供正常的服务。最常见的DoS攻击有计算机网络带宽攻击和连通性攻击。带宽攻击是指以极大的通信量冲击网络，使得所有可用网络资源都被消耗殆尽，最后导致合法的用户请求无法通过。连通性攻击是指用大量的连接请求冲击计算机，使所有可用的操作系统资源都被消耗殆尽，最终计算机无法再处理合法用户的请求。

SYN flood是当前最流行的DoS与DDoS（Distributed Denial of Service，分布式拒绝服务攻击）的方式之一，也被称为SYN洪水攻击。这是一种利用TCP缺陷发送大量伪造TCP连接请求，使被攻击方资源耗尽（CPU满负荷或内存不足）的攻击方式。SYN flood攻击的过程在TCP中被称为“三次握手”（Three-way Handshake），而SYN洪水拒绝服务攻击就是通过三次握手而实现的。

攻击者向被攻击服务器发送一个包含SYN标志的TCP报文，SYN（Synchronize）即同步报文。同步报文会指明客户端使用的端口以及TCP连接的初始序号。这时便同被攻击服务器建立了第一次握手。目标服务器在收到攻击者的SYN报文后，将返回一个SYN+ACK的报文，表示攻击者的请求被接受，同时TCP序号被加1，ACK（Acknowledgment）即确认，这样就同被攻击服务器建立了第二次握手。攻击者也返回一个确认报文ACK给受害服务器，同样TCP序列号被加1，到此一个TCP连接完成，第三次握手完成。

在TCP连接的三次握手中，假设一个用户向服务器发送了SYN报文后突然死机或掉线，那么服务器在发出SYN+ACK应答报文后是无法收到客户端的ACK报文的（第三次握手无法完成），这种情况下服务器端一般会重试（再次发送SYN+ACK给客户端）并等待一段时间后丢弃这个未完成的连接。这段时间的长度被称为SYN timeout，一般来说，这个时间是分钟的数量级（大约为0.5 ~ 2min）；一个用户出现异常导致服务器的一个线程等待1min并不是什么很大的问题，但如果有一个恶意的攻击者大量模拟这种情况（伪造IP地址），服务器端就会为了维护一个非常大的半连接列表而消耗非常多的资源。即使是简单的保存并遍历，也会消耗非常多的CPU时间和内存，何况还要不断对这个列表中的IP进行SYN+ACK重试。

实际上，如果服务器的TCP/IP栈不够强大，最后的结果往往是堆栈溢出崩溃。即使服务器端的系统足够强大，服务器端也将忙于处理攻击者伪造的TCP连接请求而无暇理睬客户的正常请求（毕竟客户端的正常请求比例非常之小），此时从正常客户的角度看来，服务器失去响应，这种情况就称为“服务器端受到了SYN洪水攻击”。

三、网络攻击的发展趋势

在最近几年里，网络攻击技术和攻击工具有了新的发展趋势，使借助因特网运行业务的机构面临着前所未有的风险。

（一）自动化程度和攻击速度提高

攻击工具的自动化水平不断提高。自动攻击一般涉及四个阶段，在每个阶段都有新变化。

第一阶段，扫描可能的受害者。自1997年起，广泛的扫描越来越多。目前，扫描工具利用更先进的扫描模式来改善扫描效果和提高扫描速度。

第二阶段，损害脆弱的系统。以前，安全漏洞只在广泛的扫描完成后才被加以利用；而现在，攻击工具利用这些安全漏洞作为扫描活动的一部分，从而加快了攻击的传播速度。

第三阶段，传播攻击。在2000年之前，攻击工具需要人来发动新一轮攻击；目前，攻击工具可以自己发动新一轮攻击。像红色代码和尼姆达这类工具，能够自我传播，在不到18h内就能达到全球饱和点。

第四阶段，攻击工具的协调管理。随着分布式攻击工具的出现，攻击者可以管理和协调分布在许多因特网系统上的大量已部署的攻击工具。目前，分布式攻击工具能够更有效地发动拒绝服务攻击，扫描潜在的受害者，危害存在安全隐患的系统。

（二）攻击工具越来越复杂

攻击工具开发者正在利用更先进的技术武装攻击工具。与以前相比，攻击工具的特征更难被发现，因此更难利用特征进行检测。攻击工具具有以下三个特点：

反侦破：攻击者采用隐蔽攻击工具特性的技术，这使安全专家分析新攻击工具和了解新攻击行为所耗费的时间增多。

动态行为：早期的攻击工具是以单一确定的顺序执行攻击步骤的，现在的自动攻击工具可以根据随机选择、预先定义的决策路径或通过入侵者直接管理，来变化它们的模式和行为。

攻击工具的成熟性：与早期的攻击工具不同，目前攻击工具可以通过升级或更换工具的一部分迅速变化，发动迅速变化的攻击，且在每一次攻击中会出现多种不同形态的攻击工具。

此外，攻击工具越来越普遍地被开发为可在多种操作系统平台上执行的攻击工具。许多常见的攻击工具使用 IRC 或 HTTP（超文本传输协议）等协议，从入侵者那里向受攻击的计算机发送数据或命令，使得人们将攻击特性与正常、合法的网络传输流区别开来变得越来越困难。

（三）发现安全漏洞越来越快

新发现的安全漏洞每年都要增加一倍，管理人员不断用最新的补丁修补这些漏洞，而且每年都会发现安全漏洞的新类型。入侵者经常能够在厂商修补这些漏洞前发现攻击目标。

（四）越来越高的防火墙渗透率

防火墙是人们用来防范入侵者的主要保护措施。但是，越来越多的攻击技术可以绕过防火墙，例如，IPP（因特网打印协议）和 WebDAV（基于 Web 的分布式创作与版本控制），都可以被攻击者用来绕过防火墙。

（五）越来越不对称的威胁

因特网上的安全是相互依赖的。每个因特网系统遭受攻击的可能性均取决于其连接到全球因特网上其他系统的安全状态。由于攻击技术的进步，一个攻击者可以比较容易地利用分布式系统，对一个受害者发动破坏性的攻击。随着部署自动化程度和攻击工具管理技巧的提高，威胁将继续增加。

（六）对基础设施将形成越来越大的威胁

基础设施攻击是大面积影响因特网关键组成部分的攻击。由于用户越来越多地依赖因特网完成日常业务，基础设施攻击引起人们越来越多的担心。基础设施面临分布式拒绝服务攻击、蠕虫病毒、对因特网域名系统（DNS）的攻击和对路由器攻击或利用路由器的攻击。2009 年著名的“5·19 断网事件”，就是因为包括 DNSPod 和浙江、江苏等地的电信运营商在内的国内主要的DNS服务器遭受大规模的攻击，导致DNS服务瘫痪，国内出现的大范围网络故障。

第二节　网络攻击建模分析

随着目前攻击手段的不断提高以及自动攻击工具的产生，网络攻击事件日益频繁且复杂，相应的防范和维护工作的要求也越来越高。为了能够有效地识别攻击行为，首先需要构造恰当的分析模型来模拟网络攻击行为，以此来评测系统的安全程度，为入侵检测、系统的日常维护提供重要的信息和支持，这就是网络攻击模型。网络攻击模型能对整个攻击过程进行结构化和形式化描述，它对于了解网络攻击原理、分析入侵行为和攻击过程、评估网络系统脆弱性以及部署IDS，都有着重要的意义。

一、攻击树建模方法

攻击树是1999年提出的一种对系统的安全威胁进行建模的方法，它通过树型结构来表示攻击行为及步骤之间的相互依赖关系，树的根节点代表攻击目标，子节点代表达到攻击目标的子目标，叶节点表示达成攻击目标的具体的攻击方法。

攻击树节点之间的逻辑关系有三种，分别是“或”“与”“顺序与”。“或”关系表示任一子节点目标的取得都可以导致父节点目标的取得。“与”关系表示所有子节点目标的取得才能导致父节点目标的取得。“顺序与”关系表示所有子节点目标按关系图中的顺序取得才可以导致父节点目标的取得。攻击树形象地表示了攻击的过程，描述了网络攻击协同的特性。攻击者从叶节点出发，通过实现一个个子目标，最后达到根节点，实现其攻击目标。

下图是一种典型的IP欺骗的攻击树模型，它清晰地描述了IP欺骗攻击的过程。在图中，入侵者要冒充 A 对 B 实施 IP 欺骗攻击，可通过以下步骤实现：

第一步，使主机 A 瘫痪，无法回应主机 B 的 SYN-ACK 包。采用的方法有三种：Land 攻击、SYN 洪水攻击和 DDoS 攻击。如图所示，三种方法之间的关系是“或”的关系，表示三种方法中任何一种都可以达到使 A 瘫痪的子目标。

第二步，冒充 A 与 B 建立连接。猜测 B 的连接初始值 n，发送 ACK（$n+1$）来冒充 A 与 B 的 RLOGIN 端口建立连接，目前许多 IP-Spoofing 工具都可以做到这一点。

第三步，向 B 发送命令，实施攻击。发送 cat'++'>>~/.rhosts 命令到 B，建立 Rhosts++ 后门，方便下次无须口令便可进入此账号。

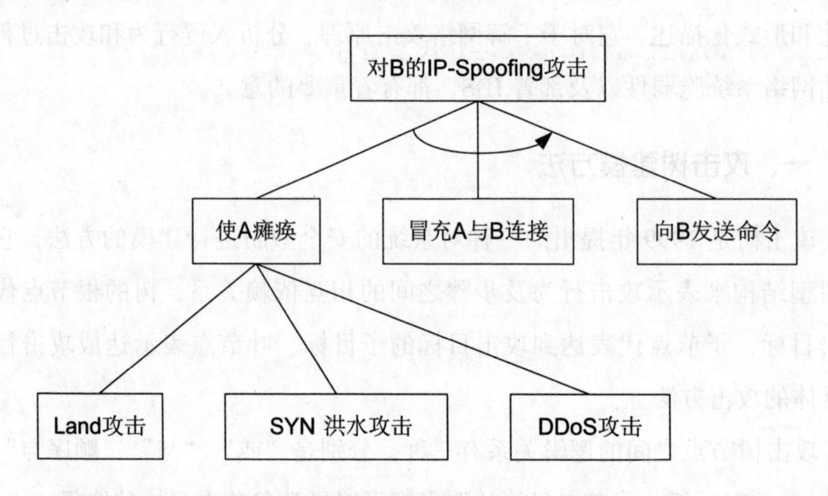

攻击树提供了一种正式而条理清晰的方法来描述系统所面临的安全威胁和系统可能受到的多种攻击，能够很好地表示大规模的网络入侵。

二、攻击网建模方法

攻击网可以形式化地表示成一个六元组 $AN=(S, A, F, W, S_0, M)$，其中，各符号表示的意义如下：

S：攻击状态集。

A：攻击方法集，并且满足 $SIA=\emptyset$，$SYA\neq\emptyset$。

F：节点流关系集，即有向弧集，$F\subseteq S\times AYA\times S$。

W：攻击方法的函数，$W(A)$ 用来衡量攻击方法的特性。

S_0：初始攻击状态。

M：标记的初始状态分布。

攻击网模型描述了攻击方法的逻辑和时序关系，体现了网络攻击的过程特性。目前，攻击网模型的建模方法主要有两种：基于 Petri 网的攻击网模型和基于 WikiWeb 的攻击网模型。

（一）基于 Petri 网的攻击网模型

Petri 网是 20 世纪 60 年代由 C. A. Petri 发明的，是对离散并行系统的数学表示，是一种网状图形表示的系统建模方法。Petri 网既有严格的数学表述方式，也有直观的图形表达方式，适合于描述异步的、并发的计算机系统模型。

基于 Petri 网的攻击网模型提出的最初目的，是更好地共享安全知识，它将一个具体的网络攻击过程分为三个阶段——攻击状态、攻击方法和当前的攻击进展，分别对应 Petri 网中的三个重要元素——库所（Place）、变迁（Transition）和令牌（Token）。当攻击进展到某一个状态时，如果攻击方法得到满足，则攻击过程就进展到下一个状态，即完成了一次攻击。

（二）基于 WikiWeb 的攻击网模型

WikiWeb 是一种超文本系统，与普通网页的区别在于，拥有权限的用户通过浏览器就可以任意访问、创建、更改 Wiki 网页。每个 Wiki 页面都有唯一的 WikiName 标志，系统自动将 WikiName 描述成超链接。

基于 WikiWeb 的攻击网模型，将 WikiWeb 技术应用于攻击网模型，引入了前提、后果和上下文的概念。模型的两个主要元素是条件和转换。条件描述系统的状态，转换由前提和后果两部分定义，描述使一组前提集合向指定后果集合的转换，该转换只有在前提集合中的所有前提都满足的情况下才能进行。上下文对模型应用的特定环境和系统作了设定，用于信息分类和过滤，使得条件和转换只能应用于特定的上下文。模型中的上下文基于多继承机制，使用特定类型的 Wiki 页面表示，内容包括对上下文自身的描述及对所继承上下文的引用。继承机制将不同抽象级别的信息联系了起来。

三、状态转移图建模方法

状态转移图基于有限状态机的理论，将攻击过程表示为系统状态间的迁移，通过检测攻击过程的各个状态是否得到满足，来判断攻击行为是否发生。入侵者的渗透过程可看成从有限特权开始，利用系统存在的漏洞和配置错误等不断提升用户权限的过程。

状态转移图模型可以用一个五元组表示，$M=(S,\Sigma,f,S_0,S_e)$，其中，各符号表示的意义如下：

S：系统状态集。

Σ：系统可能发生的条件集合。

f：一个从 $S\times\Sigma$ 到 S 的部分映射，$f(s,a)=s'$ 意味着当前系统状态为 s，遇到条件 a 时，将转移到下一个系统状态 s'。

S_0：系统的初始状态集，$S_0\in S$。

S_e：系统的终止状态集，$S_e\in S$。

对于任何系统状态 $s\in S$ 和转换条件 $a\in\Sigma$，$f(s,a)$ 确定了下一个系统状态，如果条件集合 Σ 含有 n 个条件，那么，任何一个状态转移点最多只有 n 条弧射出，而且每条弧都用一个不同的转换条件标记。

状态转移分析技术针对网络攻击的过程性和多阶段性，提出了状态的概念。当分析审计事件时，根据对应的条件表达式，系统从安全状态逐渐转移到不安全状态，则该事件标记为入侵事件。

四、攻击图建模方法

攻击图是用来描述攻击者可能采用的攻击行为以及攻击行为之间依赖

关系的图。早期，攻击图由安全专家人工分析来建立，随着网络规模的扩大，网络弱点、漏洞的增多，攻击图自动生成方法的研究成为热点。目前，网络攻击图自动生成的研究主要有两个方面：基于模型检测技术的方法和基于图论的方法。

（一）模型检测方法

模型检测方法为攻击图建模提供了自动生成的工具，如模型检验器SMV和NuSMV。模型检测的描述规范包括两个部分：一是模型，这是一个由变量、变量的初始值以及使变量的值发生变化的条件描述等元素定义的状态机；二是关于状态和执行路径的时序逻辑约束。

模型检测方法自动生成攻击图的工作原理：模型检测器访问所有可到达的状态，检验每条可能路径上的时序逻辑属性是否得到满足，如果属性没有满足，则输出一条状态的轨迹，即反例，此反例就是攻击图模型中的一条攻击路径。

模型检测方法将攻击图模型表示成一种Kripke结构，$M=(S, S_0, \tau, AP, L)$，其中，符号表示的意义如下：

S：系统状态集。

S_0：系统的初始状态集，$S_0 \subseteq S$。

τ：变迁关系，$\tau \subseteq S \times S$。

AP：所有原子命题和它们否定命题的集合。

L：$L: S \to 2^{AP}$ 是标记函数，指出在特定状态 $s \in S$ 上成立的原子命题集合 $L(s)$，它把系统的每个状态映射为在此状态中成立的原子命题的集合，这个原子命题的集合是 AP 的子集。

计算树逻辑 CTL（Computation Tree Logic）是一种在模型检验中广泛应用的时序逻辑，可通过检验系统状态是否满足 CTL 公式来验证其属性是否正确，从而找到系统的漏洞。

CTL 由两个部分组成，分别是路径量词和时态运算符，在 CTL 逻辑中，时态运算符前必须有路径量词。

路径量词：A 表示对所有的路径；E 表示存在一个路径。

时态运算符：G—Global；F—Final；X—neXt；U—Until。

CTL 逻辑公式的语法定义：

任意原子命题 p 都是 CTL 公式。

假设 f 和 g 是 CTL 公式，则 $\neg f$、$f \vee g$、EXf、$E[fUg]$ 和 EGf 都是 CTL 公式。

对于上面 Kripke 结构表示的攻击图模型 M，CTL 公式 f 在 M 的状态 s 中为真，记为 $M,s \models f$，则 CTL 公式的语义定义为：

$M,s \models EXf$，当且仅当存在 s'，使得 $\tau(s,s')$ 且 $M,s' \models f$。

$M,s \models EGf$，当且仅当存在一个计算路径 $ss_0s_1\cdots$，使得 $M,s \models f$ 且对任意 i 均有 $M,s_i \models f$。

$M,s \models E[fUg]$，当且仅当存在一个计算路径 $ss_0s_1\cdots s_{k-1}\ s_k\cdots$，使得 $M,s_k \models g$，$M,s \models f$，且对任意 $0 \leqslant i \leqslant k-1$，均有 $M,s_i \models f$。

给定一个 CTL 公式 f 和一个含有限状态集的 CTL 模型 M，模型检验算法利用公式 f 算出一个有效的状态集 $Ss=f(M)$，判断 $M,s \models f$ 只需检验 s 是否满足 $s \in Ss$。

该方法存在的主要问题是系统状态空间过大，需要占用大量的存储空间，并且无法对个别行为进行优化执行，严重影响了攻击图生成及分析的效率。因此，人们对其作了改进，提出了符号模型检测技术，在模型检测的基础上用二分决策图（Binary Decision Diagram，BDD）及有序二分决策图（Ordered Binary Decision Diagram，OBDD）来隐含表示状态空间和转换关系，有效压缩了状态空间的大小，节省了存储空间，提高了效率。

（二）图论方法

图论方法主要是通过综合分析攻击、漏洞、目标、主机和网络连接关系等因素来描述网络安全状态，从而为发现网络中复杂的攻击路径或引起系统状态变迁的渗透序列提供方便。网络安全人员可以根据网络攻击图的分析结果，有针对性地采取措施来提高网络系统的安全性。

攻击者往往利用网络系统的多点脆弱性，通过各种手段来逐步提高自己的权限，从而达到控制目标主机的目的，因此，可以对网络的脆弱性进行分析和评估，在对网络系统参数进行抽象和对脆弱性进行关联分析的基础上，构造网络渗透图，从而找到可能的攻击路径。

网络渗透图模型的定义为 $NEG=(E, S_0, S_d, S_f, L, EP)$，其中，各符号表示的意义如下：

E：渗透原子集合。

S_0：初始的网络状态集合。

S_d：新产生的网络状态集合。

S_f：渗透目标状态集合。

L：标签函数。

EP：渗透路径集合。

NEG 满足以下属性：

for $\forall c \in pre(e_1)$，$c \in S_p$，表示渗透路径的第一个渗透原子的发生前提集合被 S_p 满足；

$S_f \subset post(e_n)$，表示目标状态集合包含于最后一个渗透原子的后果结合；

if $i \neq j$, then $e_i \neq e_j$, 渗透路径中不存在重复的两个渗透原子, 满足单调性;

for $\forall c \in pre(e_1)$，$c \in \bigcup_{j=1}^{i-1} post(e_j) \cup S_p$，表示威胁主体的状态在不断增加，即拥有的网络系统资源随着渗透深入在不断增加；

$post(e_{i-1}) \cap pre(e_i) \neq \phi (2 \leqslant i \leqslant n)$，表示前一个渗透原子的后果集是为后一个渗透原子的成功发生创造条件；

$S_f \subset S_p \cup S_d$，表示原始事实集合和派生事实集合的并集为网络状态的总集合。

网络渗透图描述了到达安全目标的攻击行为所有可能的渗透路径，细致、全面地描述了网络攻击到达攻击目标的动态过程，为网络系统安全性评估提供了可靠的技术支持。目前，基于图论的攻击图建模方法的研究很多，多是集中在模型中各模块的抽象和描述以及攻击路径生成算法的实现上，目的是缩减网络系统的状态空间，提高攻击图生成效率，构造结构简单、清晰而又完整的网络攻击图模型。

五、网络攻击建模方法比较分析

上述几种网络攻击建模方法在具体的实践及应用中表现出不同的特性，各有其特点。

攻击树模型：攻击树比较适合于宏观上的分析，其优点是可以描述多阶段网络入侵；可以结构化地表现出网络攻击的特征并很好地刻画攻击的全过程；直观、易于理解，有助于以图形化、数学化方式描述攻击；具有可重用性。其缺点是对于比较复杂的建模对象，攻击树的图形化表示会变得非常复杂，虽然可使用文本方式表示，但是失去了图形化描述的直观性；表现能力不够丰富，如攻击行为和结果都用节点表示，不进行区分，容易造成混淆；AND/OR 节点修改不方便，扩展性不强；缺乏标准化描述语言。

攻击网模型：攻击网适于描述协同攻击。与攻击树模型相比，其对攻击行为和结果作了区分；增加节点方便，且不会改变原有结构，扩展性强；攻击网中的 Transition 能够很好地表达攻击树中 AND/OR 节点所表达的逻辑关系；基于 Petri 网的模型更适合于直观地展现漏洞及其产生原因；基于 WikiWeb 的攻击模型能够更好地共享安全知识，使用方便且开放，适用于某个专有领域知识的共享，这为专家和用户分享安全知识，共同建立和完善攻击模型提供了方便，模型的层次结构有助于信息的组织和文档化。其缺点是图形规模会急剧增大；没有考虑到网络的拓扑结构，对网络信息的利用不全面。

状态转换图模型：状态转换图适用于攻击检测和安全预警，能提高攻击检测和安全预警的效率。一方面，它能详尽地描述各种攻击行为，更好地满足攻击检测的要求；另一方面，它能够根据系统的安全需求定义多个系统状态，并对系统状态的变化趋势以及导致状态变化的可能攻击行为进行准确的描述，根据已检测到的攻击行为很方便地预测系统将会达到的攻击状态，从而提前发出警报，满足安全预警的要求。其缺点在于该方法对各种攻击过程的描述是孤立的，没有综合考虑各种攻击过程之间的关系。

攻击图模型：攻击图对网络系统状态作了分析，考察了攻击者利用网络中已知弱点进行渗透变迁的可能，尽量避免了系统状态空间过于复杂的情况。攻击图建模方法充分考虑了网络拓扑信息，而且模型检验器及图论方法为攻击图模型的生成提供了自动化的工具，使得建模和评估工作减少了人的主观因素的影响，更加科学化。

最后，攻击树和攻击网模型都侧重于描述攻击过程所包含的各种攻击行为之间的联系，没有将攻击行为和对系统状态所造成的影响区分开来，也没有将攻击的危害与系统的安全性相结合，因此，攻击树和攻击网不能直接应用于攻击检测和预警系统，需要其他技术的支持。状态转换图模型中的系统状态不具备认识的实际含义，只是一个标记，其状态的含义不够明确，应用面较窄。攻击图模型则充分考虑了网络的拓扑信息，通过分析网络系统弱点问题，追踪攻击行为利用漏洞发起的渗透过程，并且有自动化工具的支持，因此，攻击图很适合于对复杂的组合网络攻击进行建模。

第六章　数据库安全分析研究

第一节　数据库安全威胁及安全机制

数据库（Database）是按照数据结构来组织、存储和管理数据的仓库，它是以一定方式储存在一起、能为多个用户共享、具有尽可能小的冗余度、与应用程序彼此独立的数据集合。

数据库管理系统（DataBase Management System，DBMS）是一种操纵和管理数据库的大型软件，用于建立、使用和维护数据库。它对数据库进行统一的管理和控制，以保证数据库的安全性和完整性。用户通过 DBMS 访问数据库中的数据，数据库管理员也通过 DBMS 进行数据库的维护工作。整个数据库系统是由数据库和数据库管理系统组成的，数据库按一定的方式存储数据，数据库管理系统则为用户及应用程序提供对数据库的访问，并对数据库进行管理和维护。

网络和系统中最重要的资源是数据，而数据库系统是存储和管理数据最有效的手段。现今，数据库系统已经成为软件开发和网站架设过程中重要的组成部分，在各种应用系统中，数据库系统都是核心，大量的信息需要数据库系统来存储和管理。因此，保护数据库系统的安全显得尤为重要。

一、数据库安全威胁

常见的数据库攻击包括口令入侵、特权提升、漏洞入侵、SQL 注入、窃取备份等。

（一）口令入侵

口令入侵是黑客常用的一种攻击方式，它是非法获得合法用户账号和口令的过程。

数据库系统一般都会为用户维护一个口令文档，并且口令文档是加密的，如果攻击者能够获得数据库系统的口令文档，那么就可以使用某些软件来解密口令文档从而获得口令。但是，这种破解口令文档的过程是非常耗时的，成功率不高。在实际入侵过程中，许多黑客大量采用一种可以绕开或屏蔽口令保护的程序来完成这项工作，这种可以解开或屏蔽口令保护的程序通常被称为“Crack”。

此外，很多数据库系统存在默认口令，这些默认口令也增加了系统被口令入侵的风险。例如，早期的 Oracle 数据库有一个默认的用户名“Scott”及默认的口令“tiger”，而微软的 SQL Server 的系统管理员账户的默认口令也是众所周知的。这些默认口令对于黑客来说尤其方便，借此他们可以轻松地进入数据库。

攻击者还可利用电子词典来破解某个用户的口令，当然，有一个很重要的前提，那就是用户采用的是弱口令，在攻击者可接受的时间范围内通过一定时间的穷举就可以获得其口令。口令破解工具也有很多，通过 Google 搜索或 sectools.org 等站点就可以轻易地获得，比如 Cain、Abel 和 John the Ripper 等流行的工具。

要想保护自己免受口令攻击，需要加强口令的管理，在口令设置方面应避免使用默认口令和弱口令。

（二）特权提升

攻击者要执行更多的功能，实施更大的破坏，需要提升自己对数据库系统的访问控制权限，也就是特权提升。特权提升使得用户能够获得超出其实际需要的、完成某个操作的、对数据库及其相关应用程序的访问权限。

有几种内部人员攻击的方法可以导致恶意的用户占有超过其应该具有的系统特权。而且，外部的攻击者有时通过破坏操作系统来获得更高级别的特权。

特权提升通常与管理员错误的配置有关，如一个用户被误授予超过其实际需要的访问权限。另外，拥有一定访问权限的用户可以轻松地从一个应用程序跳转到数据库，即使他并没有这个数据库的相关访问权限。黑客只需要得到少量特权的用户口令，就可以进入数据库系统，然后访问读取数据库内的任何表，包括信用卡信息、个人信息等。

（三）漏洞入侵

漏洞是在硬件、软件、协议的具体实现或系统安全策略上存在的缺陷，从而可以使攻击者能够在未授权的情况下访问或破坏系统。

漏洞是很难避免的，数据库系统也不例外。当前，正在运行的多数 Oracle 数据库中，有至少 10 ~ 20 个已知的漏洞，黑客们可以用这些漏洞攻击进入数据库。虽然 Oracle 和其他的数据库都为其漏洞做了补丁，但是很多用户并没有给他们的系统漏洞打补丁，因此，这些漏洞常常成为黑客入侵的途径。

（四）SQL 注入

所谓 SQL 注入，就是通过把 SQL 命令插入 Web 表单递交或输入域名或页面请求的查询字符串，最终达到欺骗服务器执行恶意的 SQL 命令的目的。

引起 SQL 注入攻击的原因有两个：一是网页后台有数据库操作；二是程序没有细致地过滤用户输入的数据，致使非法数据侵入系统。因此，在字段可用于用户输入，通过 SQL 语句可以实现数据库的直接查询的情况下，就会发生 SQL 攻击。也就是说，攻击者需要提交一段数据库查询代码，根据程序返回的结果，获得某些他想得到的数据。

根据相关技术原理，SQL 注入可以分为平台层注入和代码层注入。前者由不安全的数据库配置或数据库平台的漏洞所致；后者主要是由程序员对输入未进行细致过滤，从而执行了非法的数据查询所致。

（五）窃取备份

备份与恢复是数据库系统重要的安全机制，可有效保护数据的安全，防止数据丢失、损毁。如果数据库系统的备份数据丢失，被黑客获取，并且这些数据没有进行加密，那么黑客就可以得到数据库系统数据，实施破坏。

二、数据库安全机制

数据库系统维护和管理着网络和系统中的数据，是黑客攻击的主要目标，面对着各种安全威胁。因此，数据库系统十分重视自身的安全问题，目前的数据库系统普遍具有以下安全机制。

（一）用户标识和鉴别

用户标识和鉴别其实就是身份认证，包括两个相互关联的过程。第一步是用户标识过程，是指用户向系统出示自己的身份证明的过程。标识机制用于唯一标识进入系统的每个用户的身份，因此必须保证标识的唯一性。第二步是鉴别过程，是指系统检查用户的身份证明并进行验证的过程，该过程用于检验用户身份的合法性。标识和鉴别功能保证只有合法的用户才能存取系统中的资源。目前标识用户最简单、有效的方法是使用用户账号和密码，这种认证方法被称为口令认证。

数据库用户具有不同的安全等级，因此分配给他们的权限也是不一样的，数据库系统必须建立严格的用户认证机制，以保证系统的正常运行。身份的标识和鉴别是数据库管理系统对访问者授权的前提，并且通过审计机制使数据库管理系统保留追究用户行为责任的能力。功能完善的标识与鉴别机制也是访问控制机制有效实施的基础，特别是在一个开放的多用户系统的网络环境中，识别与鉴别用户是构筑数据库管理系统安全防线的第一个重要环节。

近年来标识与鉴别技术发展迅速，一些实体认证的新技术在数据库系统集成中得到应用。目前，常用的方法有通行字认证、数字证书认证、智能卡认证和个人特征识别等。

1. 通行字认证

通行字即“口令”或“密码”，通行字认证是一种根据已知事物验证身份的方法，因为原理和实现都比较简单，所以研究和使用得最为广泛。为提高通行字的安全性，在数据库系统中往往对通行字采取一些控制措施，常见的有最小长度限制、次数限定、选择字符、有效期、双通行字和封锁用户系统等。此外，还需考虑通行字的分配和管理问题，以及安全存储问题。通行字多以加密形式存储，攻击者要得到通行字，必须知道加密算法和密钥。算法可以是公开的，但密钥必须秘密保存。有些系统存储的是通行字的单向 Hash 值，攻击者即使得到密文也难以推出通行字的明文，通过这种方式来保护通行字的私密性。

2. 数字证书认证

数字证书是由证书授权中心颁发并进行数字签名的数字凭证，是一个包含公开密钥拥有者信息以及公开密钥的文件，它实现实体身份的鉴别与认证、信息完整性验证、机密性和不可否认性等安全服务。

数字证书由权威机构（一般是认证中心，CA）颁发并对每一个用户唯一，具有权威性和唯一性，因此，人们可以在网上用它来识别对方的身份。最简单的证书包含一个公开密钥、名称以及证书授权中心的数字签名。

数字证书绑定了公钥及其持有者的真实身份，它类似于现实生活中的居民身份证，所不同的是数字证书不再是纸质的证照，而是一段含有证书持有者身份信息并经过认证中心审核签发的电子数据，可以更加方便、灵活地运用在电子商务和电子政务中。

3. 智能卡认证

智能卡是一种内嵌有微芯片的塑料卡的通称，通常是一张信用卡的大小。典型智能卡主要由微处理器、存储器、输入输出接口、安全逻辑及运算处理器等组成。作为个人所有物，在智能卡中引入了认证的概念，使得智能卡可用来验证个人身份。认证是智能卡和应用终端之间通过相应的认证过程来相互确认合法性的，在卡和接口设备之间只有相互认证之后才能进行数据的读写操作，其目的在于防止伪造应用终端及相应的智能卡。

4. 个人特征识别

个人特征识别是利用人的生理特征或行为特征来进行个人身份鉴定的方法。人的某些生理特征或行为特征具有以下特性：

普遍性：每个人都必须具备这种特征。

唯一性：任何两个人的特征都是不一样的。

可测量性：特征可测量。

稳定性：特征在一段时间内不改变。

人体的这些特征不会丢失并且难以伪造，非常适合于个人身份认证，个人特征识别是一种可信度很高的认证方法。

目前已得到应用的个人生理特征包括指纹、语音声纹、DNA、视网膜、虹膜、脸型和手型等。一些学者已开始研究基于用户个人行为方式的身份识别技术，如用户写签名和敲击键盘的方式等。

（二）访问控制

访问控制是用户进入系统后根据用户的身份对其访问资源的行为加以限制，最常用的是访问权限和资源属性限制。访问控制机制示意图如下：

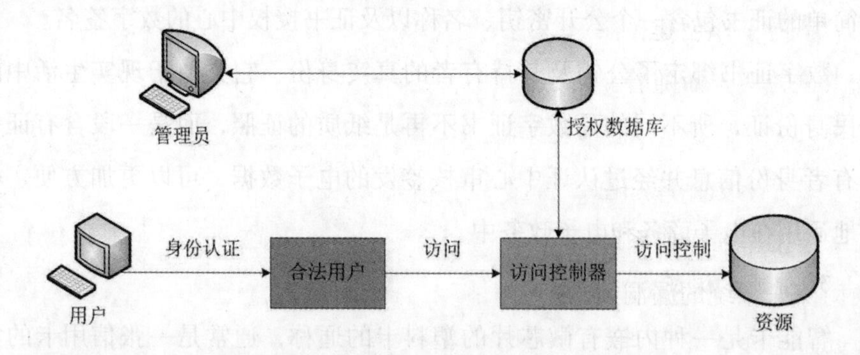

访问控制机制控制的是主体对客体的访问，主体是通过身份认证的合法用户，客体是各种资源，当主体要访问客体时，需要通过访问控制器来

进行控制，不同的用户对资源具有不同的访问权限，这些信息存储在授权的数据库中，由管理员来维护和管理，访问控制器根据授权数据库的授权来决定是否允许用户对资源进行访问，从而保证每个用户获得与其权限相匹配的访问控制能力。

授权数据库记录了用户的访问控制权限，黑客可以通过篡改授权数据库来提升个人权限，从而对系统实施更大的破坏。

传统访问控制可分为自主访问控制和强制访问控制两大类。

自主访问控制是指用户有权对自身所创建的访问对象（文件、数据表等）进行访问，并可将对这些对象的访问权授予其他用户和从授予权限的用户收回其访问权限的情况。

强制访问控制是指由系统（通过专门设置的系统安全员）对用户所创建的对象进行统一的强制性控制，按照规定的规则决定哪些用户可以对哪些对象进行什么样操作系统类型的访问的情况，即使是创建者用户，在创建一个对象后，也可能无权访问该对象。

近年来，基于角色的访问控制（Role-based Access Control，RBAC）得到了广泛的关注。RBAC 在主体和权限之间增加了一个中间桥梁——角色。权限被授予角色，而管理员通过指定用户为特定角色来为用户授权。这大大简化了授权管理，具有强大的可操作性和可管理性。角色可以根据组织中的不同工作创建，然后根据用户的责任和资格分配，用户可以轻松地进行角色转换。而随着新应用和新系统的增加，角色可以分配更多的权限，也可以根据需要撤销相应的权限。

（三）数据库加密

数据库在操作系统中是以文件的形式管理的，因此，攻击者可以直接利用操作系统的漏洞窃取数据库文件，或者篡改数据库文件内容。此外，数据库管理员可以任意访问所有数据，往往会做出超出其职权范围的行为，同样存在安全隐患。因此，数据库的保密问题不仅包括在传输过程中采用加密保护和控制非法访问，还包括对存储的敏感数据进行加密保护，使得即使数据不幸泄露或者丢失，也不会造成泄密。同时，数据库加密可以由用户用自己的密钥加密自己的敏感信息，而不需要了解数据内容的数据库管理员无法进行正常解密，从而可以实现个性化的用户隐私保护。

对数据库加密必然会带来数据存储与索引、密钥分配和管理等一系列问题，同时，加密也会显著降低数据库的访问与运行效率。保密性与可用性之间不可避免地存在冲突，需要妥善解决二者之间的矛盾。

数据库中存储的数据被加密后，查询语句一般不可直接对密文数据库进行查询，通用的方法是首先解密密文数据，然后对解密后的数据进行查询。但因为要对整个数据库或数据表进行解密操作，所以开销巨大，如何提高查询效率，成为一个重要的问题。在实际操作中，需要通过有效的查询策略来直接执行密文查询或较小粒度的快速解密。

一般来说，一个好的数据库加密系统应该满足以下几个方面的要求：

第一，足够的加密强度，保证长时间且大量数据不被破译。

第二，加密后的数据库存储量没有明显的增加。

第三，加解密速度足够快，对数据库的正常服务影响尽量小。

第四，加解密对数据库的合法用户操作（如数据的增加、删除和更改等）是透明的。

第五，灵活的密钥管理机制，加解密密钥存储安全，使用方便、可靠。

（四）数据库审计

数据库审计主要用于监视并记录对数据库的各类操作行为，通过对网络数据的分析，实时地、智能地解析对数据库的各种操作，并记入审计数据库以便日后进行查询、分析、过滤，实现对目标数据库系统用户操作的监控和审计。

简单来说，数据库审计是指监视和记录用户对数据库所施加的各种操作的机制。审计功能自动记录用户对数据库的所有操作，并且存入审计日志。事后可以利用这些信息重现导致数据库现有状况的一系列事件，提供分析攻击者线索的依据。

数据库管理系统的审计主要分为语句审计、特权审计、模式对象审计和资源审计。

语句审计：监视一个或者多个特定用户或者所有用户提交的SQL语句。

特权审计：监视一个或者多个特定用户或者所有用户使用的系统特权。

模式对象审计：监视一个模式中在一个或者多个对象上发生的行为。

资源审计：监视分配给每个用户的系统资源。

（五）备份与恢复

数据库系统的主要功能是维护和管理数据，网络上的各种安全威胁往往会导致数据失效，保护数据最简单有效的方法是数据备份。现在的数据库系统都带有数据备份和恢复的功能，这对系统的安全性与可靠性起着重要作用，也对系统的运行效率有着重大影响。

1. 数据库备份

数据库备份一般有冷备份、热备份和逻辑备份三种。

冷备份：冷备份又称离线备份，就是在数据库系统关闭的情况下进行的备份。系统运行时往往存在不稳定性，数据可能会发生变化，导致备份的数据库不完整，而系统关闭后能够提供一个完整的数据库，因此冷备份的数据库更加完整可靠。冷备份的优点是操作简单、数据完整可靠、维护方便、安全性高。但冷备份也有以下不足：备份时系统必须关闭，会导致业务中断；若磁盘空间不够，只能备份到磁带等外部存储设备上，速度会很慢。

热备份：热备份又称在线备份，就是在数据库系统运行的情况下进行备份。因为数据备份需要一段时间，而且备份大容量的数据库还需要较长的时间，那么在此期间发生的数据更新就有可能导致备份的数据与原始数据不一致，使备份的数据不能保持完整性，这个问题需要借助于数据库日志文件来解决。热备份的优点是不必关闭数据库，业务不会中断；往往采用磁盘作为备份设备进行在线备份，备份速度快。热备份存在以下不足：数据备份会对业务的正常运行造成一定的影响；备份的数据可能会不完整。

逻辑备份：逻辑备份是指使用软件技术从数据库中导出数据并写入一个输出文件，该文件的格式一般与原数据库的文件格式不同，而是原数据库中数据内容的一个映像。因此，逻辑备份文件只能用来对数据库进行逻辑恢复，即数据导入，而不能按数据库原来的存储特征进行物理恢复。逻辑备份一般用于增量备份，即备份那些在上次备份以后改变的数据。

2. 数据库恢复

备份的目的是恢复。备份本身费时费力，既需要时间又占用存储资源，增加运营成本，但是为了保证数据的安全，不得不进行备份。备份可看成系统为数据买的一份保险，如果数据始终有效，那么这份保险会一直无法兑现，一旦数据出现失效，那么就可以通过数据恢复来兑现这份保险。数据库恢复技术一般有三种：基于备份的恢复、基于运行时日志的恢复和基于镜像数据库的恢复。

基于备份的恢复：基于备份的恢复是指周期性地备份数据库。当数据库失效时，可取最近一次的数据库备份来恢复数据库，即把备份的数据拷贝到原数据库所在的位置上。用这种方法，数据库只能恢复到最近一次备份的状态，而从最近备份到故障发生期间的所有数据库更新将会丢失。备份的周期越长，丢失的更新数据越多。

基于运行时日志的恢复：数据库日志能够实时跟踪记录数据库的变化。对日志的操作要优先于对数据库的操作，以确保记录数据库的更改。当系统突然失效而导致事务中断时，可重新装入数据库的副本，把数据库恢复到上一次备份时的状态，然后系统自动正向扫描日志文件，将故障发生前所有提交的事务放到重做队列，将未提交的事务放到撤销队列执行，这样就可把数据库恢复到故障前某一时刻的数据一致性状态。

基于镜像数据库的恢复：数据库镜像就是在另一个磁盘上复制数据库作为实时副本。当主数据库更新时，数据库管理系统自动把更新后的数据复制到镜像数据，始终使镜像数据和主数据保持一致性。当主数据库出现故障时，可由镜像磁盘继续提供使用，同时数据库管理系统自动利用镜像磁盘数据进行数据库恢复。镜像策略可以使数据库的可靠性大为提高，但由于数据镜像通过复制数据实现，频繁的复制会降低系统运行效率，因此，一般在对效率要求满足的情况下可以使用。为兼顾可靠性和可用性，可有选择性地镜像关键数据。

（六）进出网络通道保护

虽然防病毒软件和防火墙提供了一定级别的安全防护，但并不能因此认为网络通信就是安全的。数据库监听器作为连接数据库服务端的网络进程，正经受着巨大的攻击风险。首要的任务是对监听过程进行密码保护，而改变默认端口也是确保数据库监听器安全的一种好办法。通过配置数据库监听器，可以使其允许或不允许客户 IP 地址的访问。这也是保护数据库不受非预期用户访问的简单而有效的方法。

（七）推理控制与隐私保护

数据库安全中的推理，是指用户根据低密级的数据和模式的完整性约束推导出高密级的数据，造成未经授权的信息泄露，这种推理的路径称为“推理通道”（Inference Channel）。近年来，随着外包数据库模式及数据挖掘技术的发展，对数据库推理控制（Inference Control）和隐私保护（Privacy Protection）的要求也越来越高。

1. 推理通道

常见的推理通道主要有以下四种。

第一种，执行多次查询，利用查询结果之间的逻辑关系进行推理。用户一般先向数据库发出多个查询请求，这些查询大多包含一些聚集类型的函数（如合计和平均值等），然后利用返回的查询结果，在综合分析的基础上推断出未知数据信息。

第二种，利用不同级别数据之间的函数依赖关系进行推理分析。数据表的属性之间常见的一种关系是“函数依赖”和“多值依赖”，这些依赖关系有可能产生推理通道，如根据用户的搜索信息判断用户发生了什么事情，有什么样的需求，以及由参加会议的人员可以推出会议可能讨论的内容等。

第三种，利用数据完整性约束进行推理。例如，关系数据库的实体完整性要求每一个元组都必须有一个唯一的键。当一个低安全级的用户想在一个关系中插入一个元组，并且这个关系中已经存在一个具有相同键值的高安全级元组时，那么为了维护实体的完整性，数据库管理系统会采取相应的限制措施。低级用户由此可以推出高级数据的存在，这就产生了一条推理通道。

第四种，利用分级约束进行推理。一条分级约束是一条规则，它描述了对数据进行分级的标准。如果这些分级标准被用户获知的话，用户有可能从这些约束自身推导出敏感数据。

2. 推理控制

迄今为止，推理通道问题仍处于理论探索阶段，还没有一个有效的解决方法，这是由推理通道问题本身的多样性与不确定性所决定的。目前常用的推理控制方法可以分为两类，第一类是在数据库设计时找出推理通道，主要包括利用语义数据模型的方法和形式化的方法，这类方法都是分析数据库的模式，然后修改数据库设计或者提高一些数据项的安全级别来消除推理通道；第二类方法是在数据库运行时找出推理通道，主要包括多实例方法和查询修改方法。

举一反三，推理正是利用合理数据库查询返回的蛛丝马迹来推断出未知的超出其权限范围的敏感数据，从而导致隐私或秘密信息泄露的。推理通道是很难避免和防范的，相应的研究也刚刚起步，该领域具有较大的研究价值和应用前景。

第二节　数据库入侵检测

传统的数据库安全机制以身份认证和访问控制为主，而身份认证和访问控制防范的重点是来自外部用户的入侵行为，通过身份认证来拒绝非法用户并赋予合法用户相应的系统访问控制权限，然后通过访问控制来约束合法用户的行为，将其行为限制在权限范围之内。随着新的攻击手段的出现，这种传统的以防范为主的被动安全机制，已经无法满足日益增长的对数据库安全的需求。

然而，一直以来，人们将信息安全的重点放在网络安全和操作系统安全上，对数据库安全的研究力度远不如网络安全和操作系统安全的研究。而在信息系统的安全架构中，数据库作为存储和管理信息的核心，往往成为攻击者攻击的主要目标，应该得到更多的重视和保护。

入侵检测是信息安全体系中一项重要的功能，经过多年的研究取得了丰硕的研究成果，同样的，目前入侵检测研究主要集中在网络入侵检测和操作系统入侵检测方面，有关数据库的入侵检测研究很少。对于数据库系统来说，仅仅依靠底层操作系统和网络入侵检测来提供保护是远远不够的，将入侵检测技术用于数据库本身，必将极大提高数据库系统的安全性，弥补操作系统和网络入侵检测的不足，提升应用系统整体的安全性。

目前，常见的数据库入侵检测技术有对数据推理的检测、对存储篡改的检测、基于数据挖掘的检测、基于数据库事务级的检测和基于数据库应用语义的检测等。

一、对数据推理的检测

数据推理是利用数据库合理查询的结果，根据结果间的关联规则，推导出超出其用户权限范围的敏感信息的过程。通过数据推理，在多级安全数据库系统中，用户可以利用低密级的数据或外部知识推理出某些高密级的数据。数据推理主要破坏的是信息的保密性，使用数据推理进行攻击的，往往是对数据库具有有限访问权限的数据库系统的合法用户。对推理的检测，可以在数据库的设计阶段或运行阶段进行。

（一）设计阶段

在设计阶段，主要通过对数据库模式的分析来寻找推理通道，例如，可以利用属性的函数依赖图查找其他通道，如果两个属性之间存在两条通道，并且这两条通道具有不同的密级，就有可能发生推理攻击，对于找到的推理通道，可以通过提升通道密级的方式来避免推理，也可以通过对数据库的模式和分级属性重新设计来避免。数据库模式分析法适合于数据库设计阶段的推理，但是存在以下不足：一是数据库模式并不能捕获数据库实例中的所有依赖关系；二是数据库模式检测出来的推理通道并不一定会导致推理行为的发生。因为设计阶段的推理是静态的，只是对即将发生行为的预测，推理行为是否真正发生，是不确定的。

（二）运行阶段

在数据库运行阶段，一般通过对数据库事务的检测来判定该事务是否会产生推理通道，导致非法推理。如果会导致非法推理，那么就对该事务做适当的调整甚至取消。例如，文献使用查询修改的方法，查询前先检查本次查询是否会导致非法推理，如果是，则修改查询使其不能导致非法推理。文献基于粗糙集理论，提出了一种数据库推理泄露控制方法，该方法对数据库系统返回给普通用户的数据做了动态的最小修改，有效地防止了敏感数据被推理泄露，提高了数据库的安全性。

二、对存储篡改的检测

存储篡改是一种恶意篡改数据库存储数据的行为，会严重破坏数据库数据的真实性和可靠性。攻击者可以通过篡改数据库存储来提升特权或更改其他用户个人信息。存储篡改是一种内部滥用行为。

1995 年提出了一种叫作检测物的抽象机制，来检测篡改数据的恶意行为。在数据库中，检测物是一种伪造数据，不会真正地被正常用户和应用系统使用，但是会迷惑篡改者，使其无法区分检测物与正常数据。通过对检测物的检测，数据库管理者能够判断是否发生了数据篡改行为。有些数据篡改操作能够绕过数据库管理系统直接在磁盘级破坏数据，这时可以采用加密和数字签名技术来对其加以防范。

三、基于数据挖掘的检测

数据挖掘是指从大量的数据中通过算法搜索隐藏于其中信息的过程。数据挖掘通常与计算机科学有关，通过统计、在线分析处理、情报检索、机器学习、专家系统（依靠过去的经验法则）和模式识别等诸多方法，来实现上述目标。

数据挖掘技术能够发现隐藏在数据背后的用户模式和特征。目前应用比较广泛、技术较为成熟的数据挖掘分析方法主要有关联分析、序列模式分析、分类算法、聚类分析和离群点挖掘算法等。

（一）关联分析

关联分析就是挖掘出隐藏在数据间的相互关系。关联分析的一个典型例子是购物篮分析。该过程通过发现顾客放入其购物篮中的不同商品之间的联系，分析顾客的购买习惯。了解哪些商品频繁地被顾客同时购买，这种关联的发现可以帮助零售商制定营销策略。关联分析是一种简单、实用的分析技术，就是发现存在于大量数据集中的关联性或相关性，从而描述了一个事物中某些属性同时出现的规律和模式。经典的关联分析算法有 Apriori 算法和 FP-Growth 算法。

（二）序列模式分析

序列模式是在一组有序的数据列组成的数据集中，经常出现的那些序列组合构成的模式。序列模式分析的目标是在事务中挖掘出序列模式，与我们所熟知的关联规则挖掘不一样，序列模式挖掘的对象以及结果都是有序的，即数据集中的每个序列的条目在时间或空间上是有序排列的，输出的结果也是有序的。具有代表性的序列模式分析算法有AprioriAll算法、GSP算法、PrefixSpan算法等。

（三）分类算法

分类是数据挖掘、机器学习和模式识别中一个重要的研究领域。分类的目的是根据数据集的特点构造一个分类函数或分类模型（也常常称作分类器），该模型能把未知类别的样本映射到给定类别中的某一个。分类和回归都可以用于预测。和回归方法不同的是，分类的输出是离散的类别值，而回归的输出是连续或有序值。

分类器的构造分为两个阶段：训练和测试。要构造分类器需要一个数据集，该数据集中每个样本的类别属性都是已知的。在构造分类模型之前，要求将数据集随机地分为训练数据集和测试数据集。在训练阶段，使用训练数据集，对分类器的各个参数进行调整，使得分类器能够对训练数据集中的样本点进行正确的分类；在测试阶段，使用测试数据集对构造的分类器进行测试，验证分类器分类的准确性。常用的分类算法有决策树分类算法和贝叶斯分类算法。

（四）聚类分析

聚类分析又称群分析，它是研究（样品或指标）分类问题的一种统计分析方法，同时也是数据挖掘的一个重要算法。聚类分析以相似性为基础，在一个聚类中的模式之间比不在同一聚类中的模式之间具有更多的相似性。聚类分析起源于分类学，但是与分类不同的是，在分类中，必须知道训练样本的类别属性值，而在聚类中，需要从训练样本中找到这个类别属性值。

聚类分析内容非常丰富，有系统聚类法、有序样品聚类法、动态聚类法、模糊聚类法、图论聚类法、聚类预报法等。聚类分析的算法可以分为划分法（如K-means算法）、层次法（如AGNES算法和DIANA算法）、基于密度的方法（如DBSCAN算法）、基于网格的方法（如STING算法）、基于模型的方法（如高斯分布模型）。

（五）离群点挖掘算法

离群点是指一个时间序列中，远离序列的一般水平的极端大值和极端小值，也称为歧异值。在统计学中，不能被模型（统计分布、规则集合等）概括的某些观察被称为相对这个模型的离群点。离群点一般是由系统受外部干扰而造成的，它会对以后的时间序列分析造成一定的影响。离群点会造成分析的困难，影响模型的拟合精度，甚至会得到一些虚伪的信息，因此，统计分析人员一般不希望序列中出现离群点。但是，对于入侵检测来说，离群点可能是某种异常行为引起的，因此，相对于普通的点，离群点更加吸引网络安全专家的目光。

离群点挖掘就是从数据集中找到离群点，根据数据集的完备程度，挖掘出的离群点可分为全局离群点和局部离群点。全局离群点是针对完整的数据集进行的挖掘，由于现实世界的复杂性和多变性，获得的数据集往往是不完整的，而且在多数场合，用户只关注局部的不稳定性，也就是局部离群点。主要的局部离群点挖掘算法有 LOF 算法、COF 算法、MDEF 算法和 SLOM 算法。

1998 年，哥伦比亚大学的学者对数据挖掘在入侵检测中的应用做了首次尝试，最早研究了关联规则和序列分析等数据挖掘技术在入侵检测中的应用。研究结果表明了数据挖掘技术应用于入侵检测系统在理论上和技术上的可行性，开创了基于数据挖掘的入侵检测技术。2000 年，他们又提出了核心属性和相关属性的概念，利用领域知识提高了检测模型的精度。2006 年，构建了一个网络用户行为挖掘模型，该模型将模糊理论和关联规则挖掘技术相结合，进一步丰富了数据挖掘入侵检测技术的内容。

与此同时，聚类算法在入侵检测中也得到了广泛的应用和研究。2000 年，提出用聚类技术建立用户的正常行为模型。2004 年，提出了利用聚类和关联规则进行联合挖掘的方法。2010 年，提出一种新的聚类挖掘入侵检测方法，该方法将协议分析技术应用于数据清洗，使得聚类数据挖掘技术更好地融合到入侵检测系统，并增强了入侵检测系统的决策分析能力。同年，有学者针对传统模糊C均值聚类算法FCM在海量的入侵检测数据中容易陷入局部最小值，并且运行效率低下、稳定性差的问题，提出了一种FCM和广义回归网络GRNN相结合的入侵检测算法，提高了算法运行的稳定性和检测率。2011年，研究人员对蚁群聚类算法做了改进，提出了一种基于信息熵调整的自适应混沌蚁群聚类算法，并将其用于入侵检测，提高了入侵检测的检测率，降低了误检率。2013年，针对蚁群聚类算法的收敛速度较慢及容易陷入局部最优的问题，相关人员做了改进，在优化过程中引进K-means算法以及信息熵，提高了蚁群聚类算法的聚类速度和效果，将其用于入侵检测，提高了检测率，降低了误检率。

四、基于数据库事务级的检测

数据库具有自己独特的事务处理机制和SQL语言查询功能，数据库安全威胁中一种常见的威胁就是SQL注入攻击，它是利用数据库服务器对输入的非法SQL指令缺乏有效的检查的漏洞，将非法SQL指令误认为正常指令而运行，从而使得系统遭受破坏。因此，对SQL语句的模式进行检测，是数据库入侵检测系统的一项重要功能。

指印技术是一种基于SQL语句的异常入侵检测方法，指印是从合法数据库事务的SQL语句中推出的正则表达式，代表了用户的正常行为，用户的事务语句如果偏离指印集，则表示是可能的异常行为。指印技术十分适合于网络数据库系统的入侵检测，比如SQL注入攻击的检测。

五、基于数据库应用语义的检测

对数据库应用语义的精确把握，能够更加准确地描述用户的正常行为，从而构造用户的正常行为轮廓，这对于构造数据库异常入侵检测系统起着重要的作用。而独立于数据库应用语义之外，对数据库事务或用户行为进行检测，并不能准确地识别用户异常行为，因此，在构造数据库入侵检测系统时，不能仅看事务本身，还需要把握事务的语义。

1999年，有学者提出可以将应用语义的分析应用到数据库入侵检测中，通过对事务行为的语义分析，统计其正常行为的规律性，从而构建基于统计的异常入侵检测系统。此外，数据库中应用语义的独特性和精确性，可以有效地提高入侵检测的准确度和精度。

第七章　无线网络使用安全

第一节　无线网络的发展及协议分析

近年来，无线网络发展迅速，随着无线网络带宽的不断增加，制约无线网络发展的最大问题——网络带宽问题已变得微不足道，目前的无线网络带宽已经能够满足人们绝大多数网络应用的需求，如数字媒体的传输。智能移动终端设备的出现，如智能手机、平板电脑等，使得人们能够更加自由、便捷地接入网络、使用网络。加之智能移动终端的系统软件越来越先进，如安卓系统、苹果的iOS系统等，针对智能移动终端平台开发的各种应用软件也越来越多。这些都使得无线网络的应用更加丰富多彩。现今，无线网络的应用已变得十分普遍，人们正逐步摆脱如蜘蛛网般有线网络的束缚，实现随时随地上网。

随着无线网络的发展，无线网络的安全问题逐渐暴露出来，如无线电信号干扰、WEP缺陷和虚假访问点等，这些都对无线网络的安全造成了严重的威胁。特别是随着支付宝、微信等无线支付业务的普及，这些安全隐患势必影响人们对相关业务的使用。

目前无线网络的接入方式主要有两种：数字蜂窝接入和无线局域网（Wireless Local Area Network，WLAN）接入。数字蜂窝接入的特点是低速率、终端处理能力弱、存储空间小等，但该接入方式具备既有的无线链路以及移动性管理、越区切换等通信机制，适用于移动电话的接入，并且移动电话等数字移动终端可通过 WAP 标准协议接入 Internet。WLAN 则多采用扩频传输技术，建立一条专用的无线数据链路，只需在笔记本或掌上电脑等移动设备中插入一块扩频 WLAN 适配器，配置基本的射频及 IP 参数，安装一个天线即可。WLAN 接入适用于带无线网卡的笔记本或掌上电脑等移动设备，移动设备在链路层可通过 IEEE 802.11 标准协议或 HiperLAN 协议接入 Internet。

一、无线网络的发展

无线网络并不是新鲜事物，其历史起源可以追溯到 1895 年马可尼发明无线电报。到 20 世纪 70 年代，第一代（1G）移动通信系统诞生了，即模拟蜂窝移动通信系统，1G 系统采用模拟信号传输方式实现语音业务，使用频分多址 FDMA 接入技术划分信道。

第一代移动通信是模拟的语音移动通信，由于 1G 系统存在诸如频谱利用率低、语音质量差、接入容量小、保密性差和不能提供数据通信服务等先天不足，1982 年，欧洲邮电主管部门会议（CEPT）专门组织成立移动通信特别小组（Group Special Mobile，GSM），开发第二代数字移动蜂窝移动系统（2G）。1987 年，GSM 成员国经现场测试和论证比较，就数字系统采用窄带时分多址 TDMA、规则脉冲激励长期预测 RPE-LTP 话音编码和高斯滤波最小移频键控（GMSK）调制方式达成一致意见。1988 年 18 个欧洲国家达成 GSM 谅解备忘录（MOU）。1989 年 GSM 标准生效。1991 年，GSM 系统正式在欧洲问世，并开通运行。1992 年世界上第一个 GSM 网在芬兰投入使用，从此，移动通信跨入了第二代，第二代移动通信是数字语音移动通信，目前广泛使用的 GSM、CDMA 就是第二代系统。

第三代移动通信系统的概念由 ITU TG8（Technical Working Group 8）在 1985 年提出，命名为 FPLMTS（未来公共陆地移动通信系统），1996 年更名为 IMT-2000。第三代移动通信系统的目标：全球普及和全球无缝漫游系统。第三代移动通信系统应在全球范围内覆盖，使用共同的频段，全球统一标准；具有支持多媒体业务的能力，特别是支持互联网业务；实现第二代移动通信到第三代移动通信的平滑过渡；实现高频谱效率的频谱分配；高的服务质量、低成本、高保密性。

2000 年，IMT-2000 全部网络规范制定完成，第三代移动通信开始全面部署。第三代移动通信的业务能力较第二代有明显的改进，它能支持语音、分组数据及多媒体业务，能根据需要提供带宽。

现今，以宽带接入和分布网络为核心概念的第四代移动通信技术（4G）已经普及，它具有非对称的超过 2Mb/s 的数据传输能力，包括宽带无线固定接入、宽带 WLAN、移动宽带系统和交互式广播网络。第四代移动通信标准比第三代标准具有更多的功能，可以在不同的固定、无线平台和跨越不同的频带的网络中提供无线服务，任何地方用宽带接入互联网（包括卫星通信和平流层通信），都能够提供定位定时、数据采集、远程控制等综合功能。此外，第四代移动通信系统是集成多功能的宽带移动通信系统，由宽带接入 IP 系统。相比第三代移动通信，第四代具有以下特点：更高的传输速率和质量；灵活多样的业务功能；开放的平台；高度智能化的网络。

2013 年 5 月 13 日，韩国三星电子有限公司宣布已成功开发第五代移动通信技术（5G）的核心技术，预计于 2020 年开始推向商业化。2015 年 5 月 29 日，酷派首提 5G 新概念：终端基站化。2016 年 1 月 7 日，工业和信息化部召开“5G 技术研发试验”启动会。2017 年 2 月 9 日，国际通信标准组织 3GPP 宣布了“5G”的官方 Logo。中国三大通信运营商于 2018 年迈出 5G 商用第一步，并力争在 2020 年实现 5G 的大规模商用。

2017 年 11 月 15 日，工业和信息化部《关于第五代移动通信系统使用 3300–3600MHz 和 4800–5000MHz 频段相关事宜的通知》，确定 5G 中频频谱。12 月 21 日，5G NR 首发版本正式冻结并发布。

2018 年 6 月 26 日，中国联通表示在 2019 年进行 5G 试商用。8 月 13 日，北京市首批 5G 站点同步正式启动。12 月 1 日，韩国三大运营商 SK、KT 与 LG U+ 同步在韩国部分地区推出 5G 服务。12 月 10 日，工业和信息化部正式对外公布，已向中国电信、中国移动、中国联通发放了5G系统中低频段试验频率的使用许可。

标志性能力指标为“Gbps用户体验速率”，是一组关键技术包括大规模天线阵列、超密集组网、新型多址、全频谱接入的新型网络架构。大规模天线阵列是提升系统频谱效率的重要技术手段之一，对满足5G系统容量和速率需求将起到重要的支撑作用；超密集组网通过增加基站部署密度，可实现百倍量级的容量提升，是满足5G千倍容量增长需求的主要手段之一；新型多址技术通过发送信号的叠加传输来提升系统的接入能力，可有效支撑5G网络千亿设备连接需求；全频谱接入技术通过有效利用各类频谱资源，可有效缓解5G网络对频谱资源的巨大需求；新型网络架构基于SDN、NFV和云计算等先进技术，可实现以用户为中心的更灵活、智能、高效和开放的5G新型网络。

5G网络的主要目标是让终端用户始终处于联网状态。5G网络将来支持的设备远远不只智能手机——它还要支持智能手表、健身腕带、智能家庭设备如鸟巢式室内恒温器等。

移动通信技术在不断发展的同时，WLAN网络技术也在迅速成长。WLAN是传输距离在100米左右的无线网络，它是一种十分便利的数据传输系统，利用射频（Radio Frequency，RF）传输技术，取代旧式碍手碍脚的双绞铜线所构成的局域网络，使得用户能够摆脱线缆的束缚，实现随时随地便利上网。

第一代WLAN开始于1985年，FCC颁布的电波法规为WLAN的发展扫清了道路。它为WLAN系统分配了两种频段：一种是专用频段，这个频段避开了比较拥挤的用于蜂窝电话和个人通信服务的1-ZGHZ频段，而采用更高频率；另一种是免许可证的频段，主要是ISM频段，它在WLAN的发展历史上发挥了重要作用。

第二代WLAN开始于20世纪80年代末，IEEE 802委员会在IEEE 802.4L任务组下开始了WLAN的标准化工作，并于1990年7月接受了NCR公司的

“CSMA/CD 无线媒体标准扩充”的提案，成立了 IEEE 802.n 任务组，负责制定 WLAN 物理层及媒体访问控制（MAC）协议标准。1991 年 5 月，IEEE 发起成立了 WLAN 的专题研究小组，并在马基诺塞得伍斯特举行了第一次关于 IEEE 802.n 的专题会议。1997 年 6 月 26 日，IEEE 802.11 标准制定完成，并于 1997 年 11 月 26 日颁布。AMD、Harris、3Com、Alronet、Lueent、Netwave、Proxim 等公司发起，并于当年成立了 WLAN 联盟 WLANA，并且有越来越多的通信公司加盟。第二代 WLAN 发展史上最重要的事件，就是 IEEE 802.11 协议的标准制定。

IEEE 802.n 任务组的研究进展比计划得要慢，而在 1992 年，由苹果公司领导成立了一个叫 wINForum 的工业联盟组织，并最终从 FCC 处获得了用于个人通信系统的 1.890 ~ 1.930GHz 频段的 20MHz 带宽，进行语音的同步传输和数据的异步传输。同时，欧洲也成立了关于高速局域网（HiperLAN2）的标准化组织，1997 年完成了 HiperLANI 标准的制定，这促使 FCC 发放了包括 5.15 ~ 5.35GHz 和 5.725 ~ 5.825GHz 的 U-Nll 频段。IEEE 802.n 速率最高只能达到 2Mb/s，在传输速率上不能满足人们的需要，因此，在不断研究后于 1999 年 9 月又提出了 IEEE 802.11a 和 IEEE 802.11b 标准。其中，符合 IEEE 802.11b 标准的产品已经较为普及，可以将它归为第三代 WLAN 产品，而将符合 IEEE 802.11a、HiperLAN2 和 IEEE 802.11g 标准的产品称为第四代 WLAN 产品。

WLAN 按照通信技术分类，主要有红外线、扩展频谱和窄带微波三种，其中，以扩展频谱技术应用最为广泛。WLAN 具有组网简单、节约建设投资、维护费用低和物理安全性好的优点，但是，其最大的不足是数据传输速率和吞吐量较低，与有线网络带宽差距很大，因此，提升 WLAN 的传输速率是 WLAN 未来发展的重点。一般而言，对比有线网络，无线局域网具有以下几个特性：

可移动性。由于没有线缆的限制，用户可以在不同的地方移动工作，网络用户不管在任何地方都可以实时地访问信息。

布线容易。由于不需要布线，消除了穿墙或过天花板布线的烦琐工作，因此安装容易，建网时间可大大缩短。

组网灵活。无线局域网可以组成多种拓扑结构，可以十分容易地从少数用户的点对点模式扩展到上千用户的基础架构网络。

成本优势。这种优势体现在用户网络需要租用大量的电信专线进行通信的时候，自行组建的 WLAN 会为用户节约大量的租用费用。在需要频繁移动和变化的动态环境中，无线局域网的投资回报率更高。

二、WLAN 体系结构

根据组网方式的不同，WLAN 有两种不同的体系结构，分别是基础结构网络和自组织网络（Ad Hoc 网络）。

（一）基础结构网络

基础结构无线网络就是带基站，即无线接入点（Access Point，AP）的无线网络。一般情况下，连接到有线网络的无线路由器可以作为无线接入点，实现有线信号与无线信号之间的转换，完成有线网络与无线网络的对接。基础结构无线网络根据基站数量又可以分为两种情况，即基本服务组和扩展服务组。

1. 基本服务组（Basic Service Set，BSS）

在 BSS 结构中只有一台 AP 和数个 Client，如图 7-1 所示。

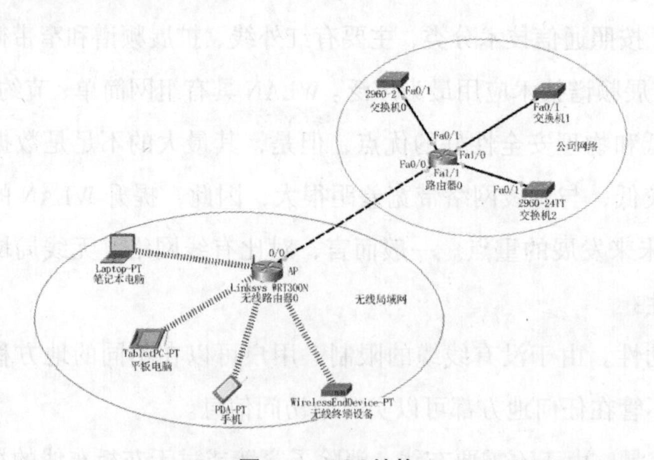

图7-1 BSS结构

图 7-1 中的 WLAN 只有一个无线路由器作为无线接入点 AP，无线路由器连接到公司的有线网络中，实现有线信号与无线信号之间的转换。在由此无线路由器构建的 WLAN 中，多台无线终端通过连接到此的无线接入点上网。

2. 扩展服务组（Extended Service Set，ESS）

ESS 内有两个或者多个 BSS，而且使用同一个有线网络作为分布式系统（Distribution System，DS），如图 7-2 所示。

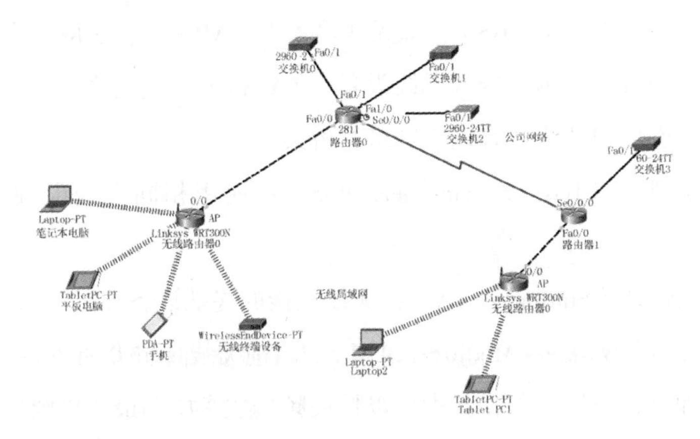

图7-2　ESS结构

一个 ESS 至少有两个架构模式下的 AP。和 BSS 相同，所有的封包必须经过一台 AP。ESS 内的 AP 可再利用不同的 SSID 作区域隔离。

基础结构网络的架构如图 7-3 所示。

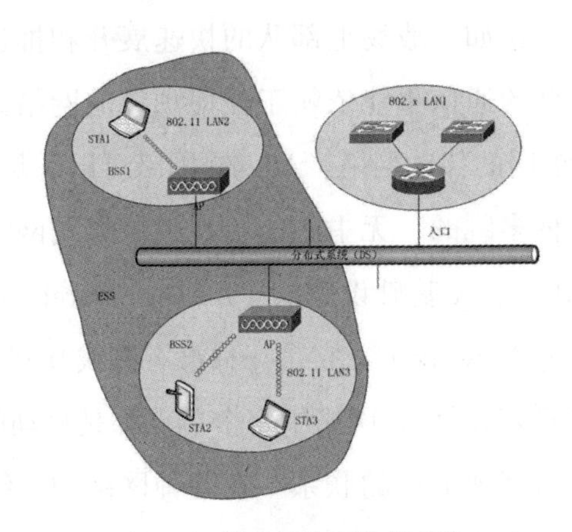

图7-3　基础结构网络的架构

图 7-3 中有三个局域网络，都连接在一个分布式系统，也就是一个有线网络上。其中，LAN1 是一个有线网络，LAN2 和 LAN3 都是带基站的 BSS 结构的无线局域网。LAN2 和 LAN3 又共同构成了一个 ESS。由此可知，基础结构网络架构中包括以下组成要素：

分布式系统（Distributed System，DS）：分布式系统是互联网中形成的一个基于几个 BSS 的逻辑网络，也就是 ESS（扩展服务组）。

基站（Base Station，BS）：即无线接入点（AP），它使得无线设备（手机等移动设备及笔记本电脑等无线设备）能够接入有线网络。

入口：连接到其他（有线）网络的桥梁。

基本服务组（Basic Service Set，BSS）：使用相同无线电频率的一组站点。

无线工作站（Station，STA）：无线连接的终端设备。

无线介质（Wireless Medium，WM）：目前无线传输介质主要有红外线、扩展频谱和窄带微波三种，其中，以扩展频谱技术应用最为广泛。

（二）Ad hoc 网络

通常情况下移动通信网络都是有中心的，要基于预设的网络设施才能运行。例如，蜂窝移动通信系统要有基站的支持；WLAN 一般也工作在有 AP 接入点和有线骨干网的模式下。但对于有些特殊场合来说，有中心的移动网络并不能胜任。比如，战场上部队的快速展开和推进，地震或水灾后的营救等。这些场合的通信不能依赖于任何预设的网络设施，而需要一种能够临时快速自动组网的移动网络。Ad hoc 网络可以满足这样的要求。

Ad hoc 网是一种多跳的、无中心的、自组织无线网络，又称为多跳网（Multi-hop Network）、无基础设施网（Infrastructureless Network）或自组织网（Self-organizing Network）。它是一种没有有线基础设施支持，省去了无线中介设备 AP 的移动网络，网络中每个节点都是移动的，并且都能以任意方式动态地保持与其他节点的联系。在这种网络中，终端无线覆盖范围的有限性，使得两个无法直接进行通信的用户终端可以借助其他节点进行分组转发。因此，每一个节点同时也是一个路由器，担负着寻找路由和转发报文的工作，能完成发现以及维持到其他节点路由的功能。Ad hoc 是一种临时搭建起来的网络，用于临时的通信需求，在 Ad hoc 网络中，每个主机的通信范围有限，因此，路由一般都由多跳组成，数据通过多个主机的转发才能到达目的地，故 Ad hoc 网络也被称为多跳无线网络。

Ad hoc 网络是一种特殊的无线移动网络。网络中所有结点的地位平等，无须设置任何的中心控制结点。网络中的结点不仅具有普通移动终端所需的功能，而且兼具路由器的功能，具有报文转发能力。与普通的移动网络和固定网络相比，它具有以下八个特点：

第一，无中心。Ad hoc 网络没有中心控制节点，所有结点的地位平等，主机通过分布式协议互联，形成一个对等式网络，结点可以随时加入和离开网络，一旦网络的某个或某些节点发生故障，其余的节点仍然能够正常工作，任何结点的故障不会影响整个网络的运行，具有很强的抗毁性。

第二，自组织。Ad hoc 网络具有自组织性，也就是独立性。Ad hoc 网络的布设或展开无须依赖任何预设的网络设施。结点通过分层协议和分布式算法协调各自的行为，开机后就可以快速、自动地组成一个独立的网络。

第三，多跳路由。当结点要与其覆盖范围之外的结点进行通信时，需要中间结点的多跳转发。与固定网络的多跳不同，Ad hoc 网络中的多跳路由是由普通的网络结点完成的，而不是由专用的路由设备（如路由器）完成的。

第四，动态拓扑。Ad hoc 网络是一个动态的网络。网络结点可以随处移动，也可以随时开机和关机，这些都会使网络的拓扑结构随时发生变化。这些特点使得 Ad hoc 网络在体系结构、网络组织、协议设计等方面，都与普通的蜂窝移动通信网络和固定通信网络有着显著的区别。

第五，通信带宽。Ad hoc 网络没有有线基础设施的支持，因此，主机之间的通信均通过无线传输来完成。由于无线信道本身的物理特性，它提供的网络带宽相对有线信道要低得多。除此以外，考虑到竞争共享无线信道产生的碰撞、信号衰减、噪声干扰等多种因素，移动终端可得到的实际带宽远远小于理论中的最大带宽值。

第六，主机能源。在 Ad hoc 网络中，主机均是一些移动设备，如 PDA、便携计算机或掌上电脑。因为主机可能处在不停的移动状态下，主机的能源主要由电池提供，所以 Ad hoc 网络有能源有限的特点。

第七，生存周期。Ad hoc 网络主要用于临时的通信需求，相对于有线网络来说，它的生存时间一般比较短。

第八，物理安全。移动网络通常比固定网络更容易受到物理安全攻击，易于遭受窃听、欺骗和拒绝服务等攻击。现有的链路安全技术有些已应用于无线网络来减小安全攻击。不过，Ad hoc 网络的分布式特性相对于集中式的网络具有一定的抗毁性。

自组织 Ad hoc 网络有其特定的应用场合，在实际应用中，基础结构无线网络更加普遍，本书重点介绍基础结构无线网络。

三、WLAN 协议分析

WLAN 的应用，需要专门的协议支持。WLAN 协议标准有两套体系，分别是 IEEE 802.11 标准体系和 HIPERLAN 标准体系。其中，IEEE 802.11 主要是面向数据的局域网协议，而 HIPERLAN 主要是面向语音的蜂窝电话协议。目前在 WLAN 中 IEEE 802.11 标准体系使用得较多，这也是本书研究的重点。

IEEE 802.11 系列协议标准是由国际电气电子工程师协会（IEEE）制定的，它以最初的 IEEE 802.11 协议为标准，功能和性能逐渐完善，经过多次改版，发布了一系列 IEEE 802.11 协议标准，形成了 IEEE 802.11 协议族。IEEE 802.11 系列协议标准如表 7–1 所示。

表7-1　IEEE 802.11系列协议标准

协议名称	发布时间	说明
IEEE 802.11	1997年	定义了2.4GHz微波和红外线的物理层及MAC子层标准
IEEE 802.11a	1999年	定义了5GHz微波的物理层及MAC子层标准
IEEE 802.11b	1999年	扩展的2.4GHz微波的物理层及MAC子层标准（DSSS）
IEEE 802.11b+	2002年	扩展的2.4GHz微波的物理层及MAC子层标准（PBCC）
IEEE 802.11c	2000年	关于IEEE 802.11网络和普通以太网之间的互通协议
IEEE 802.11d	2000年	关于国际漫游的规范
IEEE 802.11e	2004年	基于无线局域网的质量控制协议
IEEE 802.11F	2003年	漫游过程中的无线基站内部通信协议
IEEE 802.11g	2003年	扩展的2.4GHz微波的物理层及MAC子层标准（OFDM）
IEEE 802.11h	2004年	扩展的5GHz微波的物理层及MAC子层标准（欧洲）
IEEE 802.11i	2004年	增强的无线局域网安全机制
IEEE 802.11j	2004年	扩展的5GHz微波的物理层及MAC子层标准（日本）
IEEE 802.11k	2008年	基于无线局域网的微波测量标准
IEEE 802.11m	2006年	基于无线局域网的设备维护规范
IEEE 802.11n	2009年	高吞吐量的无线局域网规范（350Mbps）
IEEE 802.11p	2010年	用于车用电子无线通信上的通讯协定（ITS）
IEEE 802.11r	2008年	快速基础服务转移
IEEE 802.11s	2007年	网络拓扑发现、路径选择与转发、信道定位、安全、流量管理和网络管理
IEEE 802.11t	2007年	无线电广播链路特征评估和衡量标准的一致性方法标准
IEEE 802.11w	2009年	针对802.11管理帧的保护
IEEE 802.11y	2008年	针对美国3650－3700 MHz的规定
IEEE 802.11z	2010年	无线LAN媒体接入控制层（MAC）和物理层（PHY）规范，直接链路建立（DLS）扩展
IEEE 802.11aa	2012年	稳健的音视频传输流
IEEE 802.11ac	2012年	IEEE 802.11n扩展，高达1Gbps无线局域网吞吐量
IEEE 802.11ad	2012年	60GHz频带Gbps数据传输（WiGig）
IEEE 802.11ae	2012年	管理帧的优先级

以上 IEEE 802.11 系列协议中，物理层的协议主要有 IEEE 802.11a、IEEE 802.11b、IEEE 802.11g 和 IEEE 802.11n；数据链路层（即 MAC 层）的协议主要有 IEEE 802.11d、IEEE 802.11e、IEEE 802.11h、IEEE 802.11i、IEEE 802.11j 和 IEEE 802.11k；网络层以上的协议主要有 IEEE 802.11c 和 IEEE 802.11f。在实际应用中，IEEE 802.11 是整个 IEEE 802.11 标准体系的第一个标准协议，可以说是整个 IEEE 802.11 协议族的基石；IEEE 802.11n 标准的产品应用十分广泛，并且是较新的 WLAN 技术；而 IEEE 802.11i 则与网络安全相关，因此，本书将重点对这几个协议进行介绍和分析。此外，还有一个非 IEEE 802.11 体系的协议 WAPI，它是我国首个在计算机宽带无线网络通信领域自主创新并拥有知识产权的安全接入技术标准，用于无线局域网鉴别和保密，本书也将对 WAPI 进行介绍和分析。

（一）IEEE 802.11 协议

IEEE 802.11 协议是 1997 年由 IEEE 发布的，它是 IEEE 最初制定的一个无线局域网标准，定义了物理层 PHY 和介质访问控制层 MAC 协议的规范。

1.IEEE 802.11 的物理层

IEEE 802.11 无线局域网标准规定了 3 种物理层传输介质工作方式，其中，2 种物理层传输介质工作在 2.4~2.4835GHz 微波频段，采用扩频传输技术进行数据传输，分别是跳频序列扩频传输技术（Frequency-Hopping Spread Spectrum，FHSS）和直接序列扩频传输技术（Direct Sequence Spread Spectrum，DSSS），另一种方式以光波作为其物理层，也就是利用红外线光波传输数据流。

在 IEEE 802.11 的规定中，这些物理层传输介质中，FHSS 及红外线技术的无线网络可提供 1Mbps 传输速率（2Mbps 为可选速率），而 DSSS 则可提供 1Mbps 及 2Mbps 工作速率。多数 FHSS 厂家仅能提供 1Mbps 的产品，而符合 IEEE 802.11 无线网络标准并使用 DSSS 厂家的产品，则全部可以提供 2Mbps 的速率，因此，DSSS 在无线局域网产品中得到的应用更广泛。虽然采用 FHSS 与采用 DSSS 的设备都工作在相同的频段，但是因为它们运行的机制完全不同，所以这两种设备之间没有互操作性。

802.11 定义了两种类型的设备，一种是无线站，通常是一台带有无线网络接口卡的 PC 机，另一个称为无线接入点（AP），它的作用是提供无线和有线网络之间的桥接。一个无线接入点通常由一个无线输出口和一个有线的网络接口（IEEE 802.3 接口）构成，桥接软件符合 IEEE 802.1d 桥接协议。接入点就像是无线网络的一个无线基站，将多个无线的接入站聚合到有线的网络上。无线的终端可以是 IEEE 802.11PCMCIA 卡、PCI 接口、ISA 接口的，或者是在非计算机终端上的嵌入式设备。

2.IEEE 802.11 MAC 层

IEEE 802.11 的 MAC 和 IEEE 802.3 协议的 MAC 非常相似，都是共享连接链路的，发送者在发送数据前需要先进行网络的可用性判断。

IEEE 802.3 的 MAC 层采用的是“载波侦听多路访问 / 冲突检测”（Carrier Sense Multiple Access/Collision Detection，CSMA/CD），而在 IEEE 802.11 无线局域网协议中，冲突的检测存在一定的问题，这个问题称为“Near/Far”现象，这是由于要检测冲突，设备必须能够一边接收数据信号一边传送数据信号，即边发边收，而这在无线系统中是无法办到的。因为无线系统只有接收到信号的那一刻才能确定无线链路是否存在冲突，在此之前无线系统是无法判别冲突的，所谓“Near/Far”现象，描述的正是无线系统无法判别传输过程中无线信号的远近。

鉴于这个差异，在 IEEE 802.11 中对 CSMA/CD 进行了一些调整，采用了新的协议“载波侦听多路访问 / 冲突避免”（Carrier Sense Multiple Access/Collision Avoidance，CSMA/CA）。

CSMA/CA 由冲突检测变成了冲突避免，它利用 ACK 信号来避免冲突的发生，也就是说，只有当客户端收到网络上返回的 ACK 信号后才确认送出的数据已经正确到达目的地。

CSMA/CA 的工作原理为检测信道是否有使用，如果检测出信道空闲，则等待一段随机时间后（通常是一个帧间间隔时间 DIFS）才送出数据；

接收端如果正确收到此帧，则经过一段时间间隔后向发送端发送确认帧ACK；发送端收到ACK帧，确定数据正确传输，在经历一段时间间隔后，会出现一段空闲时间。

CSMA/CA协议的工作流程分为两个阶段。第一阶段：送出数据前，监听媒介状态，等没有人使用媒介，维持一段时间后，才送出数据。因为每个设备采用的随机时间不同，所以可以减少冲突发生的概率。第二阶段：送出数据前，先送一段小的“请求传送”（Request to Send，RTS）报文给目标端，等待目标端回应“清除发送”（Clear to Send，CTS）报文后，才开始传送。利用RTS-CTS握手（Handshake）程序，确保接下来传送资料时不会被碰撞。同时，由于RTS-CTS封包都很小，让传送的无效开销变小。

CSMA/CA通过这种方式来提供无线的共享访问，这种显式的ACK机制在处理无线问题时非常有效。然而，不管是对于IEEE 802.11还是对于IEEE 802.3来说，这种方式都增加了额外的负担，因此IEEE 802.11网络和类似的Ethernet网比较总是在性能上稍逊一筹。

基于CSMA/CA的原理，IEEE 802.11支持两种不同的MAC方案，第一种是“分布式协调功能”（Distributed Coordination Function，DCF），第二种是“点协调功能”（Point Coordination Function，PCF）。

第一种方案：DCF。在802.11协议中，DCF机制是节点共享无线信道进行数据传输的基本接入方式，它是一种基于CSMA/CA技术的随机访问机制，把CSMA/CA技术和确认（ACK）技术结合起来，采用二进制指数回退策略来避免冲撞。

DCF的基本原理：在无线信道中难以检测到信号的碰撞，因而只能采用随机退避的方式来减少数据碰撞的概率。在DCF工作方式下，节点在侦听到无线信道忙之后，采用CSMA/CA机制和随机退避时间实现无线信道的共享。另外，所有定向通信都采用立即的主动确认（ACK帧）机制，如果没有收到ACK帧，则发送方会重传数据。

在DCF工作方式下，载波侦听机制通过物理载波侦听和虚拟载波侦听来确定无线信道的状态。物理载波侦听由物理层提供，而虚拟载波侦听由MAC 层提供。虚拟载波侦听的过程如图 7–4 所示。

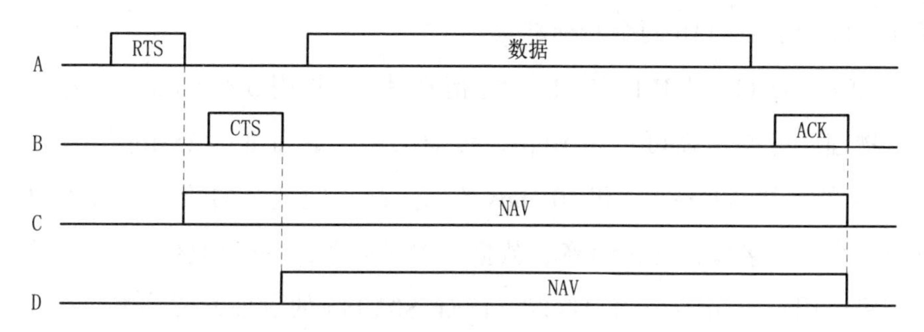

图7–4　虚拟载波侦听过程

节点 A 希望向节点 B 发送数据，节点 C 在节点 A 的无线通信范围内，节点 D 在节点 B 的无线通信范围内，但不在节点 A 的无线通信范围内。节点 A 首先向节点 B 发送一个请求帧（Request to Send，RTS），节点 B 返回一个清除帧（Clear to Send，CTS）进行应答。在这两个帧中，都有一个字段表示这次数据交换需要的时间长度，称为网络分配矢量（Network Allocation Vector，NAV），其他帧的 MAC 头也会捎带这一信息。节点 C 和节点 D 在侦听到这个信息后，就不再发送任何数据，直到这次数据交换完成。NAV 可看作一个计数器，以均匀速率递减计数到零。当计数器为零时，虚拟载波侦听指示信道为空闲状态；否则，指示信道为忙状态。

第二种方案：PCF。PCF 工作方式是基于优先级的无竞争访问，是一种可选的控制方式。它通过访问接入点（Access Point，AP）协调节点的数据收发，通过轮询方式查询当前哪些节点有数据发送的请求，并在必要时给予数据发送权。

PCF 由中心控制器来控制介质的分配，在无竞争期开始，中心控制器首先获得介质的访问控制权并遵循点（协调）帧间隔（Point Inter Frame Space，PIFS）的间隔时间对介质进行访问。因此，中心控制器可以在无竞争期保持控制权，等待比工作在分布式控制方式下更短的发送间隔。

IEEE 802.11 协议主要用于解决办公室局域网和校园网中用户与用户终

端的无线接入，业务主要限于数据存取，速率最高只能达到2Mbps。因为它在速率和传输距离上都不能满足人们的需要，所以IEEE小组又相继推出了802.11a和802.11b两个新标准。

IEEE 802.11a是IEEE 802.11的衍生版，采用5.8GHz频段进行传输，物理层速率最高可达54Mbps，传输层速率最高可达25Mbps，可提供25Mbps的无线ATM接口和10Mbps的以太网无线帧结构接口，以及TDD/TDMA的空中接口；支持语音、数据、图像业务；一个扇区可接入多个用户，每个用户可带多个用户终端。IEEE 802.11a的发展并不顺畅，由于产品中5GHz的组件研制成功太慢，IEEE 802.11a产品于2001年才开始销售，比IEEE 802.11b的产品还要晚，并且此时IEEE 802.11b已经被广泛采用，IEEE 802.11a产品失去了走向市场的机会，没有被广泛地采用。再加上IEEE 802.11a的一些弱点以及一些地方的规定限制，它的使用范围就更窄了。

IEEE 802.11b就是所谓的高速无线网络，于1999年发布，它在2.4GHz频段上运用DSSS技术，且由于这个衍生标准的产生，将原来无线网络的传输速度提升至11Mbps，并可与传统以太网络相媲美。IEEE 802.11b是所有无线局域网标准中最著名也是普及最广的标准，甚至有时被错误地认为Wi-Fi标准。实际上，Wi-Fi是无线局域网联盟（WLANA）的一个商标，该商标仅保障使用该商标的商品互相之间可以合作，与标准本身实际上没有关系。IEEE 802.11b在2.4GHz ISM频段共有14个频宽为22MHz的频道可供使用。

IEEE 802.11g是IEEE 802.11b的后继标准，其传送速度进一步提升，达到了54Mbit/s。IEEE 802.11g与IEEE 802.11b工作在相同的频段2.4GHz，因此，IEEE 802.11g设备与IEEE 802.11b具有很好的兼容性，同时它又通过采用OFDM技术，支持高达54Mbit/s的数据流，所提供的带宽是IEEE 802.11a的1.5倍。

本着更快、更强的目标，2004年IEEE成立一个新的单位来发展新的IEEE 802.11标准IEEE 802.11n。该标准要求进一步提升IEEE 802.11a/g无线局域网的传输速率，在物理层提供更高的传输速率，具体目标是要比

IEEE 802.11b 快 45 倍，比 IEEE 802.11g 快 8 倍左右，并且能够传送更远的距离。

802.11n 增加了对于 MIMO（Multiple-Input Multiple-Output）的标准。MIMO 使用多个发射和接收天线来允许更高的资料传输率，并使用 Alamouti 编码方案（Alamouti Coding Coding Schemes，ACCS）来增加传输范围。

IEEE 802.11 协议比较如表 7-2 所示。

表7-2　IEEE 802.11协议比较

标准号	IEEE 802.11b	IEEE 802.11a	IEEE 802.11g	IEEE 802.11n
标准发布时间	1999年9月	1999年9月	2003年6月	2009年9月
工作频率范围	2.4～2.4835GHz	5.150～5.350GHz 5.475～5.725GHz 5.725～5.850GHz	2.4～2.4835GHz	2.4～2.4835GHz 5.15～5.850GHz
非重叠信道数	3	24	3	15
最高速率（Mbps）	11	54	54	150-600
实际吞吐量（Mbps）	6	24	24	100以上
受干扰几率	高	低	高	低
环境适应性	差	较好	好	很好
调制方式	CCK/DSSS	OFDM	CCK/OFDM	MIMO/OFDM
兼容性	802.11b	802.11a	802.11b/g	802.11a/b/g/n

由表 7-2 可以发现，WLAN 标准从 IEEE 802.11b 到 IEEE 802.11n 的发展轨迹：IEEE 802.11b 以 2.4GHz 为传输频段，是所有 WLAN 标准演进的基石，未来许多的系统大都需要与 IEEE 802.11b 向后兼容。而 IEEE 802.11a 以 5GHz 为传输频段，尽管其传输速率高于 IEEE 802.11b，但由于发布时间较晚，已被 IEEE 802.11b 产品抢占大部分市场份额，WLAN 系列后续标准并不全部都支持 IEEE 802.11a。

（二）IEEE 802.11n 协议

IEEE 802.11n 在 2009 年获得批准，它支持 2.4GHz 和 5GHz 两个频段的

传输，兼容 IEEE 802.11a、IEEE 802.11b 和 IEEE 802.11g。

IEEE 802.11n 是 IEEE 802.11 体系的骨干协议，同样主要定义了物理层 PHY 和介质访问控制层 MAC 规范，但是在技术上相比前面的标准有了很大的改善，因此，传输速率最高可达 600Mbps，有了质的飞跃。

IEEE 802.11n 物理层采用的关键技术有多入多出技术（Multiple-Input Multiple-Output，MIMO）、空分复用技术（Space Division Multiplexing，SDM）、正交频分复用技术（Orthogonal Frequency Division Multiplexing，OFDM）、40MHz 通道绑定技术、短保护间隔技术（Short Guard Interval，Short GI）、前向纠错技术（Forward Error Correction，FEC）、最大比合并技术（Maximal Ratio Combining，MRC）等，MAC 层采用的关键技术有帧聚合（Frame Aggregation）、块确认（Block ACK）等。

1.IEEE 802.11n 物理层关键技术

（1）MIMO

MIMO 是 802.11n 物理层的核心，指的是一个系统采用多个天线进行无线信号的收发。它是当今无线最热门的技术，无论是 3G、IEEE 802.16e WIMAX，还是 802.11n，都把 MIMO 列入射频的关键技术。

支持 MIMO 技术的无线设备采用多个天线进行无线信号的收发，发送端将传输信息流经过空分编码变成 N 个信息子流，所有信息子流由 N 个天线发射出去，经空间信道后由多个接收天线接收，接收方利用空时分组码（Space-Time Block Coding，STBC）分开并解码这些信息子流。

MIMO 利用多天线传输将串行映射为并行，各天线独立处理自主运行，用各自的调制方式发送电波，并用各自的解调方式接收电波。

MIMO 技术的优点主要有两点：第一，提高吞吐量，MIMO 通过多条通道并发传递多条空间流，可以成倍提高系统吞吐量；第二，提高无线链路的健壮性和改善信噪比（Signal Noise Ratio，SNR），通过多条通道，无线信号通过多条路径从发射端到达接收端多个接收天线。由于经过多条路径传播，每条路径一般不会同时衰减严重，采用某种算法把这些多个信号进行综合计算，可以改善接收端的 SNR。需要注意的是，这里是同一条流在多个路径上传递了多份，并不能够提高吞吐量。

MIMO 技术在应用上的特点和限制主要有最多可分割 4 个空间流；支持天线数量为 4×4；空间流越多，功耗越大；802.11n 协议包含 MIMO 省电模式；需要更高性能时才使用多路径，以降低功耗。

（2）SDM

MIMO 技术能够通过多个天线并行传输多条独立空间流（Spatial Streams），其支持空间流的数量取决于发送天线和接收天线的最小值，因此，增加天线可以提高 MIMO 支持的空间流数。但是，考虑到综合成本、实效等多方面因素，当前业界的 WLAN AP 普遍采用 3×3 模式。MIMO/SDM 是在发射端和接收端之间，通过存在的多条路径来同时传播多条流。

（3）OFDM

OFDM 是多载波调制的一种。其主要思想：将信道分成若干正交子信道，将高速数据信号转换成并行的低速子数据流，调制到在每个子信道上进行传输。正交信号可以通过在接收端采用相关技术来分开，这样可以减少子信道之间的相互干扰。每个子信道上的信号带宽小于信道的相关带宽，因此，每个子信道上可以看成平坦性衰落，从而可以消除码间串扰，而且由于每个子信道的带宽仅仅是原信道带宽的一小部分，信道均衡变得相对容易。

在室内等典型应用环境下，由于多径效应的影响，信号在接收端很容易发生符号间干扰（Inter Symbol Interference，ISI），从而导致高误码率。OFDM 调制技术将一个物理信道划分为多个子载体（Sub Carrier），将高速率的数据流调制成多个较低速率的子数据流，通过这些子载体进行通信，从而减少 ISI 机会，提高物理层吞吐量。

OFDM 在 802.11a/g 时已经成熟使用，到了 802.11n，它将 MIMO 支持的子载体从 52 个提高到 56 个。需要注意的是，无论是 802.11a/g 还是 802.11n，它们都使用了 4 个子载体作为 pilot 子载体，而这些子载体并不用于数据的传递。因此，802.11n MIMO 将物理速率从传统的 54Mbps 提高到了 58.5 Mbps（即 54*52/48）。

（4）40MHz

对于无线技术，提高所用频谱的宽度，可以更为直接地提高吞吐量。传统的 802.11a/g 使用的频宽是 20MHz，而 802.11n 支持将相邻两个频宽绑定为 40MHz 来使用，可以更直接地提高吞吐量。需要注意的是，对于一条空间流，并不是仅仅将吞吐从 72.2 Mbps 提高到 144.4（即 72.2×2）Mbps。对于 20MHz 频宽，为了减少相邻信道的干扰，在其两侧预留了一小部分的带宽边界，而通过40MHz绑定技术，这些预留的带宽也可以用来通信，可以将子载体从 104（52×2）提高到 108。按照 72.2*2*108/104 进行计算，所得到的吞吐能力可达到 150Mbps。

（5）Short GI

由于多径效应的影响，信息符号（Information Symbol）将通过多条路径传递，可能会发生彼此碰撞，导致 ISI 干扰。为此，802.11a/g 标准要求在发送信息符号时，必须保证在信息符号之间存在 800 ns 的时间间隔，这个间隔被称为保护间隔（Guard Interval，GI）。当多径效应不是很严重时，用户可以将该间隔配置为 400（即 Short GI），对于一条空间流，可以将吞吐提高近 10%，即从 65Mbps 提高到 72.2 Mbps。对于多径效应较明显的环境，不建议使用 Short GI。

（6）FEC

通信的基本原理，是为了使信息适合在无线信道这样不可靠的媒介中传递，发射端将把信息进行编码并携带冗余信息，以提高系统的纠错能力，使接收端能够恢复原始信息。802.11n 所采用的 QAM-64 的编码机制，可以将编码率（有效信息和整个编码的比率）从 3/4 提高到 5/6。因此，对于一条空间流，在 MIMO-OFDM 基础之上，物理速率从 58.5Mbps 提高到了 65Mbps（即 58.5 乘 5/6 除以 3/4）。

（7）MRC

MRC 和吞吐量提高没有任何关系，它的目的是改善接收端的信号质量。

基本原理：对于来自发射端的同一个信号，由于在接收端使用多天线接收，那么这个信号将经过多条路径（多个天线）被接收端所接收。多个路径质量同时差的概率非常小，一般地，总有一条路径的信号较好。那么，在接收端可以使用某种算法，对这些各接收路径上的信号进行加权汇总（显然，信号最好的路径分配最高的权重），实现接收端的信号改善。当多条路径上信号都不太好时，仍然通过 MRC 技术可以获得较好的接收信号。

2.IEEE 802.11n MAC 层关键技术

（1）帧聚合

帧聚合技术包含针对 MSDU 的聚合（A-MSDU）和针对 MPDU 的聚合（A-MPDU）。

A-MSDU 技术是指把多个 MSDU 通过一定的方式聚合成一个较大的载荷。这里的 MSDU 可以认为是 Ethernet 报文。通常，当 AP 或无线客户端从协议栈收到报文（MSDU）时，会打上 Ethernet 报文头，我们称之为 A-MSDU Subframe；而在通过射频口发送出去前，需要一一将其转换成 802.11 报文格式。而 A-MDSU 技术，旨在将若干个 A-MSDU Subframe 聚合到一起，并封装为一个 802.11 报文进行发送，从而减少了发送每一个 802.11 报文所需的 PLCP Preamble、PLCP Header 和 802.11MAC 头的开销，同时减少了应答帧的数量，提高了报文发送的效率。A-MSDU 报文是由若干个 A-MSDU Subframe 组成的，每个 Subframe 均是由 Subframe header（Ethernet Header）、一个 MSDU 和 0 ~ 3 字节的填充组成。

与 A-MSDU 不同的是，A-MPDU 聚合的是经过 802.11 报文封装后的 MPDU，这里的 MPDU 是指经过 802.11 封装过的数据帧。通过一次性发送若干个 MPDU，减少了发送每个 802.11 报文所需的 PLCP Preamble 和 PLCP Header，从而提高了系统吞吐量。A-MPDU 技术同样只适用于所有 MPDU 的目的端为同一个 HT STA 的情况。

（2）块确认

为保证数据传输的可靠性，802.11 协议规定每收到一个单播数据帧，都必须立即回应以 ACK 帧。A-MPDU 的接收端在收到 A-MPDU 后，需要对其中的每一个 MPDU 进行处理，因此，同样针对每一个 MPDU 发送应答帧。Block Ack 通过使用一个 ACK 帧来完成对多个 MPDU 的应答，以降低这种情况下的 ACK 帧的数量。

Block Ack 机制分三个步骤来实现：第一步，通过 ADDBA Request/Response 报文协商建立 Block ACK 协定；第二步，协商完成后，发送方可以发送有限多个 QoS 数据报文，接收方会保留这些数据报文的接收状态，待收到发送方的 BlockAckReq 报文后，接收方则回应以 BlockAck 报文来对之前接收到的多个数据报文做一次性回复；第三步，通过 DELBA Request 报文来撤销一个已经建立的 Block Ack 协定。

MIMO 是 802.11n 物理层的核心，通过结合 40MHz 绑定、MIMO-OFDM 等多项技术，可以将物理层速率提高到 600Mbps。为了充分发挥物理层的能力，802.11n 对 MAC 层采用了帧聚合、Block ACK 等多项技术进行优化。然而，802.11n 带来吞吐、覆盖等提高的同时，也增加了更多的技术挑战。了解这些技术，将有助于更好地应用 802.11n，以及解决应用所面临的实际问题。

（三）IEEE 802.11i 协议

IEEE 802.11 本身带有安全加密功能“有线等效保密协议”（Wired Equivalent Privacy，WEP）。它是对在两台设备间无线传输的数据进行加密的方式，用以防止非法用户窃听或侵入无线网络。不过，密码分析学家已经找出了 WEP 的好几个弱点，因此，在 2003 年被“Wi-Fi 网络安全接入”（Wi-Fi Protected Access，WPA）淘汰，又在 2004 年由完整的 IEEE 802.11i 标准（又称为 WPA2）所取代，因此又将支持 802.11i 最终版协议的通信设备称为支持 WPA2。

IEEE 802.11i 是 IEEE 为了弥补 802.11 脆弱的安全加密功能 WEP 而制定的修正案，是基于 WPA 的一种新的加密方式，于 2004 年 7 月完成。IEEE 802.11i 是新一代的 WLAN 安全标准，这种安全标准为了增强 WLAN

的数据加密和认证性能，定义了强健安全网络（Robust Security Network，RSN），并且针对 WEP 加密机制的各种缺陷做了多方面的改进。

IEEE 802.11i 规定使用 802.1x 认证和密钥管理方式，在数据加密方面，定义了“临时密钥完整性协议”（Temporal Key Integrity Protocol，TKIP）“计数器模式密码块链消息完整码协议”（Counter CBC-MAC Protocol，CCMP）和“无线强健认证协议”（Wireless Robust Authenticated Protocol，WRAP）三种加密机制。其中，TKIP 采用 WEP 机制里的 RC4 作为核心加密算法，可以通过在现有的设备上升级固件和驱动程序的方法达到提高 WLAN 安全的目的。CCMP 机制基于“高级加密标准”（Advanced Encryption Standard，AES）加密算法和 CCM（Counter-Mode CBC-MAC）认证方式，使得 WLAN 的安全程度大大提高，是实现 RSN 的强制性要求。AES 对硬件要求比较高，因此 CCMP 无法通过在现有设备的基础上进行升级实现。WRAP 机制基于 AES 加密算法和 OCB（Offset Codebook），是一种可选的加密机制。

在 IEEE 802.11i 中，TKIP 和 CCMP 是以算法为核心的加密协议，实现通信的私密性和完整性。802.1x 实现基于端口的接入认证。Key Management 完成 TKIP/CCMP 的密钥生成和管理。

IEEE 802.11i 协议标准由上下两个层次组成：上层是 802.1x 协议和 EAP 认证协议，提供双向认证和动态密钥管理功能；下层是 3 种改进的保密协议，即 TKIP、CCMP 和 WRAP，实现数据的加密和安全传输。

IEEE 802.11i 对 IEEE 802.11 的安全机制做了较大的改进，提出了 RSN 的概念，因此，整个 IEEE 802.11i 的安全机制包括两大部分：一部分是 RSN 安全机制；另一部分是非 RSN 安全机制，即 RSN 之前的、IEEE 802.11 中旧有的安全机制。

1. 非 RSN 安全机制

非 RSN 安全机制是 IEEE 802.11 中采用的安全机制，主要包括 WEP 技术和 IEEE 802.11 认证技术。

WEP 技术：WEP 是 IEEE 802.11b 标准中定义的最基本的加密技术，多用于小型的、对安全性要求不高的场合。

WEP 提供一种无线局域网数据流的安全方法，它是一种对称加密，其中，加密和解密的密钥及算法（RC4 和 XOR 演算法）相同。WEP 只对数据帧的实体加密，而不对数据帧控制域以及其他类型帧加密。使用了该技术的无线局域网，所有客户端（STA）与无线接入点（AP）的数据都会以一个共享的密钥进行加密，密钥的长度有 64/128/256bits 几种方式（对应的 key value 分别是 40/104/232bits）。其中，包括 24 位是初始向量 IV。WEP 使用的具体算法是 RC4 加密。

采用 WEP 加密算法能够保证通信的安全性，以对抗窃听，同时采用 CRC32 算法对数据进行完整性检验，以对抗对数据的篡改。然而，WEP 和 CRC32 都存在安全上的缺陷，其破解理论在 2001 年 8 月就得以验证。

IEEE 802.11 认证：IEEE 802.11 定义了两种认证方式，分别是开放系统认证（Open System Authentication）和共享密钥认证（Shared Key Authentication）。

开放系统认证是 IEEE 802.11 默认的认证机制，认证以明文方式进行，适合安全要求较低的场合。一般而言，凡使用开放系统认证的工作站都能被成功认证。开放系统认证过程十分简单，只有两个步骤：

第一步：认证请求。验证算法标识 =“开放系统”；验证处理序列号 =1。

第二步：认证响应。验证算法标识 =“开放系统”；验证处理序列号 =2；验证请求的结果。

共享密钥认证是可选的认证机制，它作为一种认证算法在 WEP 加密的基础上实现。共享密钥认证机制的双方必须有一个公共密钥，同时要求双方支持 WEP 加密，然后使用 WEP 对测试文本进行加密和解密，以此来证明双方拥有相同的密钥。IEEE 802.11 的共享密钥认证提供的是单向认证，只认证工作站的合法性，没有认证 AP 的合法性。

2.RSN 安全机制

RSN 安全机制在数据加密方面定义了三种加密机制——TKIP、CCMP

和 WRAP，在安全管理方面主要使用 IEEE 802.1x 进行安全认证和秘钥管理。

（1）加密机制

TKIP：TKIP 协议是用来加强 WEP 设备上的 WEP 协议的密码套件，是为了解决 WEP 协议存在的问题，同时又要使 WEP 设备能够通过软件升级来支持 TKIP 的，它既要保持兼容，又要解决 WEP 的安全缺陷。

设计 TKIP 有以下限制：对 WEP 设备更换部分芯片还不如更换整个设备，所以升级必须是软件的；许多 WEP 设备的 CPU 负荷已经很高，正常的通信已经使用了 CPU 90% 的能力，所以 TKIP 引入负荷要尽量小；许多 WEP 设备使用硬件实现 RC4 来降低 CPU 负荷，TKIP 要适应这种做法。

因此，TKIP 是包裹在 WEP 外面的一套算法，希望能在上述限制下达到最好的安全性，它添加了以下 4 个算法：采用密码学上的消息完整码（MIC）来防止数据被篡改；采用新的 IV 序列规则来防止重放攻击；采用新的 per-packet key 生成算法以防止弱密钥的产生；采用 Rekeying 机制以生成新的加密和完整性密钥，防止重用。

计算 MIC 采用的是 Michael 算法，它是一种密码杂凑函数算法，相比传统的杂凑函数算法 MD5、SHA-1 等，Michael 算法具有运算量小的特点，更适合在 MIC 的计算中使用。Michael 算法应用在 MAC 服务数据单元（MSDU）上，具体包括 MSDU 目的地址（DA）、源地址（SA）、MSDU 优先级和 MSDU 数据。计算得到的 MIC 值被 RC4 加密后传送，这样做减少了将 MIC 值泄露给攻击者的危险。

加密时，TKIP 根据上述字段计算 MIC，并把 MIC 添加到明文 MSDU 后面。如果 MSDU 加上 MIC 的长度超过了 MAC 帧的最大长度，TKIP 把 MSDU 分段得到多个 MPDU。需要特别指出的是，MIC 不能抵抗重放攻击，但是可以靠新的 IV 序列规则来防止重放攻击。

CCMP：CCMP 是一个基于 AES 加密算法的数据加密模式，与 TKIP 相同，CCMP 也采用 48 位初始化向量（IV）和 IV 顺序规则，其消息完整检测算法采用CCM（Counter-Mode/CBC-MAC）算法。

CCMP基于AES加密算法和CCM认证方式，使得WLAN的安全程度大大提高，是实现RSN的强制性要求。AES是一种对称的块加密技术，提供比WEP/TKIP中RC4算法更高的加密性能。对称密码系统要求收发双方都知道密钥，而这种系统的最大困难，在于如何安全地将密钥分配给收发的双方，特别是在网络环境中。AES加密算法使用128bit分组加密数据，它将在802.11i中得到应用，成为取代WEP的新一代的加密技术。AES对硬件要求比较高，因此，CCMP无法通过在现有设备的基础上实现升级。在安全性方面，美国政府认为其安全性满足政府要求的保密数据的加密要求。对于AES种的加密算法本身，目前还没有发现破解方法。

CCMP与TKIP相比较，主要的区别就是采用了AES分组加密算法，分组长度128位，密钥长度128位。报文加密、密钥管理、消息完整性检验码都使用AES算法加密。

WRAP：WRAP是基于AES加密算法和偏移电报密码本（Offset Codebook，OCB）认证方式的一种可选的加密机制，和CCMP一样采用128位加密算法。

OCB是802.11i健壮安全网络（RSN）AES算法所采用的操作模式，OCB使用AES算法进行块加密，OCB首先把明文分成*m*个128bit长度的的数据块，然后依次对*m*个数据块进行异或和AES加密运算，直到生成m个加密数据块，随后将*m*个加密数据块拼接在一起，与重放计数器（Replay Counter）、MIC一起作为加密数据负载，完成对明文数据的加密。AES在WRAP中的作用体现在对数据处理过程中，WRAP的工作过程如下。

密钥产生过程：通过802.1x协议建立连接，构建临时密钥，由连接请求、应答和临时密钥K一起通过密钥产生算法生成加密密钥。

数据封装过程：加密密钥生成后，初始化连接状态，MAC使用WRAP数据格式封装，利用加密密钥对所有即将发送的MSDU进行保护。

数据解封过程：一旦加密密钥被生成，初始化连接状态后，802.11 MAC用WRAP数据解封算法和加密密钥对所有接收来的单播MSDU进行解封，丢弃所有未经过数据封装算法保护的 MSDU。其中，MSDU 数据的解密是通过对 Nonce 和 AES 解密密钥的使用来实现的。

可见，在 WRAP 加密机制中，AES 不论是在初始时的数据加密，还是密钥生成后的解封，都是作为核心算法在其中起着关键的作用，使得网络数据传输的安全性更高。目前，WRAP 因专利权争议，已被废弃。

（2）安全管理机制

IEEE 802.11i 采用 IEEE 802.1x 作为认证和秘钥管理的机制。

IEEE 802.1x 认证：IEEE 80.1x 是一种 C/S 模式下基于端口的访问控制和认证协议，限制未被授权的设备对 LAN 的访问。在对网络建立连接前，认证服务器会对每一个想要进行连接的客户端进行审核。IEEE 802.1x 本身并不提供实际的认证机制，需要和上层认证协议 EAP 配合来实现用户认证和密钥分发。

使用 IEEE 802.1x 协议，可以在无线工作站与 AP 建立连接之前，对用户身份的合法性进行认证。当无线终端向 AP 发起连接请求时，AP 会要求用户输入用户名和密码，再把这个用户名和密码送到验证服务器上去做验证，如果验证通过才允许用户享用网络资源。这样可以大大提高整个网络的安全性。

基于 802.1x 的认证系统在客户端和认证系统之间使用 EAPOL 格式封装 EAP 协议传送认证信息，认证系统与认证服务器之间通过 RADIUS 协议传送认证信息。由于 EAP 协议的可扩展性，基于 EAP 协议的认证系统可以使用多种不同的认证算法，如 EAP-MD5、EAP-TLS、EAP-TTLS 以及 LEAP、PEAP 等认证方法。

IEEE 802.1x 秘钥管理：IEEE 802.1x 提供了动态密钥管理功能，为了提高 WLAN 服务的数据安全性，IEEE 802.1x 中使用了 EAPoL-Key 的协商过程，设备端和客户端实现动态密钥协商和管理；同时，通过 802.1x 协商，客户端 PAE 和设备端 PAE 协商相同的一个种子密钥 PMK，进一步提高了密钥协商的安全性。802.1x 支持多种 EAP 认证方式，其中，EAP-TLS 为基于用户证书的身份验证。EAP-TLS 是一种相互的身份验证方法，也就是说，客户端和服务器端进行相互身份验证。在 EAP-TLS 交换过程中，远程访问客户端发送其用户证书，而远程访问服务器发送其计算机证书。如果其中一个证书未发送或无效，则连接将中断。

当 EAP TLS 认证成功时，客户端 PAE 和 Radius 服务器会对应产生公用的对称的 Radius Key，Radius 服务器会在认证成功消息中将 Radius Key 通知设备端 PAE。客户端 PAE 和设备端 PAE 会根据该 Radius Key、客户端 MAC 地址以及设备端 MAC 地址，产生种子密钥 PMK 以及对应的索引 PMKID。根据 IEEE 802.11i 协议定义的算法，设备端 PAE 和客户端 PAE 可以获得相同的 PMK，该种子密钥将在密钥协商过程（EAPOL-Key 密钥协商）中使用。

（四）WAPI 协议

2003 年出台的 WAPI 标准（WLAN 鉴别与保密基础结构，Wireless LAN Authentication and Privacy Infrastructure），是我国自主研发、拥有自主知识产权的 WLAN 安全技术标准，对应文档为“中国无线局域网国家标准 GB15629.11”。该方案已由 ISO/IEC 授权的机构 IEEE Registration Authority（IEEE 注册权威机构）审查并获得认可，分配了用于 WAPI 协议的以太类型字段，这也是中国目前在该领域唯一获得批准的协议。

总而言之，WAPI 其实是一种应用于 WLAN 系统的安全性协议，只是它采用了比 WIFI 更高级的加密方式，而更重要的意义在于它是我国自主研发的无线局域网标准，普遍使用的话可以比 WIFI 更有利于保护我国的信息安全。

1.WAPI 的技术内容

WAPI 安全系统采用公钥密码技术，鉴权服务器 AS（Authentication Server，AS 鉴别服务器）负责证书的颁发、验证与吊销等，无线客户端与无线接入点 AP 上都安装有 AS 颁发的公钥证书，作为自己的数字身份凭证。当无线客户端登录至无线接入点 AP 时，在访问网络之前必须通过鉴别服务器 AS 对双方进行身份验证。根据验证的结果，持有合法证书的移动终端才能接入持有合法证书的无线接入点 AP。

WAPI 系统中包含以下两个部分：

第一，WAI 鉴别及密钥管理：无线局域网鉴别基础结构（WAI）不仅具有更加安全的鉴别机制、更加灵活的密钥管理技术，而且实现了整个基础网络的集中用户管理，从而满足了更多用户和更复杂的安全性要求。

第二，WPI 数据传输保护：无线局域网保密基础结构（WPI）对 MAC（Media Access Control，介质访问控制）子层的 MPDU（MAC Protocol Data Unit，MAC 协议数据单元）进行加、解密处理，分别用于 WLAN 设备的数字证书、密钥协商和传输数据的加解密，从而实现设备的身份鉴别、链路验证、访问控制和用户信息在无线传输状态下的加密保护。

2.WAPI 的认证体制

基于 WAPI 协议的 WLAN 安全网络由 AP、客户端和认证服务器（AS）三个实体组成，利用公开密码体系完成客户端和 AP 间的双向认证。认证过程中利用椭圆曲线密码算法，客户端和 AP 间协商出会话密钥；对通信过程中的数据采用国家密码主管部门指定的加密算法完成加密。同时，WAPI 还支持在通信过程中在一定时间间隔后或传输了一定数量的数据包后更新会话密钥。WAPI 提供有线无线一体化 IP 数据访问安全方案，可以在用户信息系统中提供集中的安全认证和管理方案。

3.WAPI 的优势与不足

WAPI 的优势：WAPI 真正实现双向认证；使用数字证书；采用集中的密钥管理；WAPI 构建和扩展应用很便利；WAPI 鉴别协议相当完善。

WAPI 的不足：WAI 协议不具备身份保护的功能；在认证协议中缺乏对用户私钥的验证环节；密钥协商过于简单，不具备相应的安全属性；密钥协商算法的安全是基于加密算法的安全性；该算法不具有 PFS 等安全属性也无法防止密钥控制（Key Control）。

第二节 无线网络的安全机制

WLAN 网络的安全问题对多数用户来说是比较陌生的，一方面是因为无线网络的广泛应用也就是近几年的事，另一方面是因为人们目前更多的关注的是有线网络的安全问题，对无线网络的安全问题研究不多，对相应的无线网络技术也不是很了解，比如无线网络的结构、协议及缺陷等。因此，在研究 WLAN 安全之前了解 WLAN 的安全问题，是必要的。

一、无线网络与有线网络的安全差异

无线网络与有线网络在安全上是有差异的，具体表现在以下几个方面。

第一，开放性更大。相比有线网络，无线网络更加开放，也更易受到恶意攻击。有线网络的网络连接是比较固定的，攻击者首先在硬件上需要物理接入才能发起后续攻击，一方面提高了攻击的硬性要求，另一方面还可通过接入端口对连接加以控制。而无线链路没有明确的防御边界，攻击者在位置上不确定，并且接入网络的硬性要求较低。无线网络的这种开放性使其必须要面对窃听、拦截和干扰等一系列安全威胁。

第二，稳定性更差。无线网络的信号很容易受到各种电磁信号的干扰，导致无线信号差、带宽低等问题。这也是无线网络的发展一直滞后于有线网络的主要原因。稳定性差还与无线用户的移动性相关，用户的移动会导致无线网络信道特征发生变化，会受到干扰、衰弱、多径和多普勒频移等多方面的影响，造成通信无法进行。这种不稳定性同时也增加了入侵检测的难度。

第三，移动性更强。有线网络用户需通过物理链路接入网络，用户终端较为固定，容易跟踪定位。无线用户的移动性很强，这使得攻击者可能在任何位置发起攻击，而在全球范围内跟踪和定位一个特定的移动节点是

很难的，这无疑降低了攻击的风险，增加了入侵检测的难度。

第四，管理难度大。相比有线网络，为保证无线通信的质量，无线网络需要解决更多的技术问题，其复杂度远大于有线网络。一方面，无线网络的移动性使得网络的拓扑频繁变化，无线节点十分分散，难以集中控制和管理。无线网络的复杂性和分散性，都增加了无线网络维护和管理的难度，使其难以应对各种安全问题。另一方面，许多网络安全问题需要网络中多个节点的共同参与和协作才能解决，无线网络的分散性使得攻击者可能利用无线网络这一弱点发起攻击。

因此，无线网络相比有线网络技术上更加复杂，管理难度更大，更易受到网络攻击的威胁。

二、WLAN 安全威胁

一方面，无线网络与传统有线网络只是在传输方式上有区别，因此，常规的有线网络中的安全风险如病毒、恶意攻击、非授权访问等，在无线网络中都是存在的。另一方面，无线网络与有线网络在安全上有一定的差异，这种差异主要是由物理链路的差异造成的，主要体现在物理层和链路层上，因此，无线网络在传输环节更易受到攻击，存在着比有线网络更多的安全威胁。

目前针对 WLAN 的攻击主要有常规安全威胁、MAC 地址欺骗攻击、WarDriving 入侵、DoS 攻击、敏感信息泄露威胁、非授权访问威胁、WEP 破解和非法 AP 等。

（一）常规安全威胁

WLAN 面对的常规安全威胁主要来自传统有线网，具体主要有病毒、木马、恶意攻击、非授权访问等。这些安全威胁对有线网络和无线网络同样造成危害，防范技术也几乎一样。

（二）MAC 地址欺骗攻击

MAC 地址也叫硬件地址、网卡物理地址，是网络硬件设备的标识，具有全球唯一性。MAC 地址一般是固定的，但是可以通过硬件或软件的方式修改。IEEE 802.11 标准中，在 MAC 层有一个字段用来标识数据帧的源 MAC 地址，但是没有规定对这个地址的认证操作。因此，对于接收方来说，是无法确定信号来源的真实性的，也就是无法确定收到的数据帧中源 MAC 地址所标识的发送者是真实的发送者，还是被别人盗用 MAC 地址发送。由于没有有效的机制来判定源 MAC 地址的真实性，攻击者通过把网卡设为射频监听模式，就可以轻易地获得网络中合法站点的 MAC 地址，然后利用认证帧（Deauthentication）或者关联帧（Disassociation）攻击断开合法用户与 AP 的连接，把自己网卡的 MAC 地址设置成合法用户的 MAC 地址，从而绕过访问控制列表窃取网络信息。

（三）WarDriving 入侵

WarDriving 也称接入点映射或驾驶攻击，是一种在驾车围绕企业或住所邻里时扫描无线网络名称的活动。WarDriving 是最普遍的一种无线入侵方法，攻击者使用带有无线网卡和天线的笔记本电脑，通过黑客软件（如 NetStumbler）就可以很快地检测出周围所有的无线网络，报告每个访问接入点 AP 的详细信息，如 SSID、频道、信号强度、所用硬件等，并可借助于 GPS，绘制出每个无线网络的地理位置。WarDriving 的威胁包括窃取网络存取、堵塞网络传输、破坏计算机、盗用网络频宽、植入病毒、修改网页、拦截数据传输信号、窃取机密数据等。

可用于 WarDriving 入侵的黑客软件有在 Windows 系统上的 NetStumbler、BSD 系统上的 DStumbler、PocketPC 上运行的 MiniStumbler、Linux 系统上的 Wellenreiter 等。

（四）DoS 攻击

DoS 攻击是目前网络中最流行的一种攻击方式，这在 WLAN 网络环境中同样普遍。在 WLAN 环境下，攻击者利用 WLAN 在频率、带宽、认证方式上的弱点，通过发送假冒的终止认证帧和解除关联帧，使客户断开和网络的连接，或在很短的时间间隔内重复地发送认证请求帧（Authentication

Request）给 AP，使 AP 不能接受其他客户的请求，导致网络拒绝服务。此外，对移动模式内的某个节点进行攻击，让它不停地提供服务或进行数据包转发，使其能源耗尽而不能继续工作，通常也将之称为能源消耗攻击。

（五）敏感信息泄露威胁

因为电磁波是共享的，所以要窃取信号并通过窃取信号进行解码特别容易。特别是 WLAN 默认都是不设置加密措施的，也就是任何能接受到信号的人，无论是公司内部还是公司外部都可以窃听。根据 802.11b 协议，一般 AP 的传输范围都在 100 ~ 300 米，而且能穿透墙壁，所以传输的信息很容易被泄露。

（六）非授权访问威胁

无线网络中每个 AP 覆盖的范围都形成了通向网络的一个新的入口。由于无线传输的特定，对这个入口的管理不像传统网络那么容易。正因为如此，未授权实体可以在公司外部或者内部进入网络：首先，未授权实体进入网络浏览存放在网络上的信息，或者是让网络感染上病毒；其次，未授权实体进入网络，利用该网络作为攻击第三方网络的出发点（致使受危害的网络却被误认为攻击始发者）；最后，入侵者对移动终端发动攻击，或为了浏览移动终端上的信息，或为了通过受危害的移动设备访问网络。

（七）WEP 破解

WEP 加密机制已经被证明是不安全的，早在 2001 年就出现了针对 WEP 的破解。为此，IEEE 802.11i 中采用新的安全机制 WPA2 取代了 WEP。但是，目前多数无线路由器仍然支持 WEP 的应用，所以攻击者针对 WEP 的破解仍在继续。现在互联网上普遍存在一些非法程序，能够捕捉位于 AP 信号覆盖区域内的数据包，收集到足够的 WEP 弱密钥加密的包，并进行分析以恢复 WEP 密钥。根据监听无线通信的机器速度、WLAN 内发射信号的无线主机数量，最快可以在两个小时内攻破 WEP 密钥。

（八）非法 AP

AP 是 WLAN 的主要接入设备，而非法 AP 是未经网络管理人员同意或授权的、非法搭建的无线接入点。IEEE 802.11 对 AP 没有严格规定和限制，因此，攻击者很容易搭建非法 AP，并通过非法 AP 对网络和无线用户发起攻击。

非法 AP 有两种形式：一是利用专用软件将计算机伪装成 AP，这种方式具有很强的破坏性，可以实施中间人攻击，对授权客户端和 AP 进行双重欺骗，进而对信息进行窃取和篡改；二是利用真实的 AP，非法放置在被入侵的网络，来窃取无线客户端的信息。

非法 AP 可通过给无线工作站发送一个解除认证帧的方式断开其与合法 AP 的连接，然后寻找可用的 AP。攻击者为了吸引工作站，增大非法 AP 的发射功率，这样工作站就很容易连接到伪装成 AP 的攻击者的设备。攻击者利用从授权工作站处获取的信息，就可以连接到合法 AP。

非法 AP 对 WLAN 的危害很大，主要表现在三个方面：占用正常信道，干扰正常的无线通信；截获无线网络通信信号，入侵个人计算机，造成个人信息的泄露；如果是在企事业单位内部网络上搭建非法 AP，则会严重威胁内网安全。

三、WLAN 安全机制

（一）服务集标识符（SSID）

服务集标识符（Service Set Identifier，SSID）技术可以将一个无线局域网分为几个需要不同身份验证的子网络，每一个子网络都需要独立的身份验证，只有通过身份验证的用户才可以进入相应的子网络，防止未被授权的用户进入本网络。

无线局域网中，首先为多个接入点（AP）配置不同的服务集标识符（SSID），无线终端必须知道 SSID，以便在网络中发送和接收数据。SSID 通常由 AP 广播出来，无线客户端通过操作系统自带的扫描功能，可以查看当前区域内的 SSID。出于安全考虑，可以不广播 SSID，此时用户就要手工设置 SSID 才能进入相应的网络。简单来说，SSID 就是一个局域网的名称，若某移动终端企图接入 WLAN，Access Point 首先检查无线终端出示的 SSID，符合则允许接入 WLAN。

SSID 机制在 WLAN 中实际上为客户端和 AP 提供了一个共享密钥，SSID 可以防止一个工作站意外地链接到 AP 上，但 SSID 并不是专门为提供认证服务而设计的。SSID 在 AP 广播的信标帧中是以明文形式传送的，即使在信标帧中关闭了 SSID，非授权用户也可以通过监听轮询响应帧来得到 SSID。SSID 由 AP 对外广播，非常容易被非法入侵者窃取，通过 AP 入侵 WLAN，甚至非法入侵者亦可伪装为 AP，达到欺骗无线终端的目的。

（二）物理地址（MAC）过滤控制

IEEE 802.11 中并没有规定 MAC 地址控制，但许多厂商提供了该项功能以获得附加安全，只允许注册了的 MAC 地址连接到 AP 上。

物理地址过滤控制是采用硬件控制的机制来实现对接入无线终端的识别的。无线终端的网卡都具备唯一的 MAC 地址，因此，可以通过检查无线终端数据包的源 MAC 地址来识别无线终端的合法性。

地址过滤控制方式要求预先在 AP 服务器中写入合法的 MAC 地址列表，只有当客户机的 MAC 地址和合法 MAC 地址表中的地址匹配时，AP 才允许客户机与之通信，实现物理地址过滤。

但是，很多无线网卡支持重新配置 MAC 地址，因此非法入侵者很有可能从开放的无线电波中截获数据帧，分析出合法用户的 MAC 地址，然后伪装成合法用户，非法接入 WLAN，使得网络安全遭到破坏。另外，随着无线终端的增减，MAC 地址列表需要随时更新，但是 AP 设备中的合法 MAC 地址列表目前都是手工维护，因此这种方式的扩展能力很差，只适合于小型无线网络使用。

（三）有线对等保密机制（WEP）

WEP 是一种基于 RC-4 算法的 40 位或 128 位加密技术。移动终端和 AP 可以配置 4 组 WEP 密钥，加密传输数据时可以轮流使用，允许加密密钥动态改变。

WEP 机制中所使用密钥只能是 4 组中的一个，因此其实质上还是静态 WEP 加密。同时，AP 和它所联系的所有移动终端都使用相同的加密密钥，使用同一 AP 的用户也使用相同的加密密钥，因此，一旦其中一个用户的密钥泄露，其他用户的密钥也就无法保密了。

（四）IEEE 802.11i（WPA2）

IEEE 802.11i 协议是为增强无线局域网安全而专门制定的协议，其安全机制可分为两大类：强健安全网络（RSN）和非强健安全网络（Pre-RSN）。

Pre-RSN 是 IEEE 802.11 中旧有的安全机制，包括加密和认证两部分，加密采用的是 WEP，认证分为开放系统认证和共享密钥认证两种。IEEE 802.11 中安全机制的基石是 WEP 保密技术，因为 WEP 存在安全缺陷，后来被 WPA 所代替。

RSN 安全机制是 IEEE 802.11i 中新加的安全机制，是在 WPA 基础上的增强，也称 WPA2。RSA 安全机制分为两层：上层是 802.1x 协议和 EAP 认证协议，提供双向认证和动态密钥管理功能；下层是 3 种改进的保密协议，即 TKIP、CCMP 和 WRAP，实现数据的加密和安全传输。

（五）WLAN 鉴别与保密基础结构（WAPI）

WAPI 是我国自主研发、拥有自主知识产权的 WLAN 安全技术标准，对应文档为“中国无线局域网国家标准 GB 15629.11”。

（六）虚拟专用网（VPN）

虚拟专用网是指在一个公共 IP 网络平台上通过隧道以及加密技术保证专用数据的网络安全性，只要具有 IP 的连通性，就可以建立 VPN。VPN 技术不属于 802.11 标准定义，它是一种以更强大、更可靠的加密方法来保证传输安全的新技术。

对于无线商用网络，基于 VPN 的解决方案是当今 WEP 机制和 MAC 地址过滤机制的最佳替代者。VPN 方案已经广泛应用于 Internet 远程用户的安全接入。在远程用户接入的应用中，VPN 在不可信的网络（如 Internet）上提供一条安全、专用的通道或隧道。各种隧道协议，包括点到点的隧道协议（PPTP）和第二层隧道协议（L2TP），都可以与标准的、集中的认证协议一起使用，例如，远程用户接入认证服务协议（RADIUS）。同样的，VPN 技术可以应用在无线的安全接入上，在这个应用中，不可信的网络是无线网络。AP 可以被定义成无 WEP 机制的开放式接入（各 AP 仍应定义成采用 SSID 机制把无线网络分割成多个无线服务子网），但是，无线接入网络已经被 VPN 服务器和 VLAN（AP 和 VPN 服务器之间的线路）从企业内部网络中隔离开来。VPN 服务器提供无线网络的认证和加密，并充当企业内部网络的网关。与 WEP 机制和 MAC 地址过滤接入不同，VPN 方案具有较强的扩充、升级性能，可应用于大规模的无线网络。

四、WLAN 安全漏洞

通过分析 WLAN 现有的安全机制，可以看到 WLAN 安全机制的核心是 WEP 和 WPA2，因此，分析的重点主要集中在 WEP 和 WPA2 中的安全漏洞上。

公共漏洞与暴露（Common Vulnerabilities and Exposures，CVE）是一个对漏洞进行标准化的项目，类似一个字典表，为广泛认同的信息安全漏洞或者已经暴露出来的弱点给出一个公共的名称。使用一个共同的名字，可以帮助用户在各自独立的各种漏洞数据库中和漏洞评估工具中共享数据。如果在一个漏洞报告中指明的一个漏洞有 CVE 名称，就可以快速地在任何其他 CVE 兼容的数据库中找到相应修补的信息，解决安全问题。

SCAP 中文社区是一个安全资讯聚合与利用平台，当前的社区中集成了 SCAP 框架协议中的 CVE、CVSS、OVAL、CCE、CPE、CWE 6 种网络安全相关标准数据库。用户可以方便地使用该站对 CVE 漏洞库、OVAL 漏洞检查语言以及 CPE 平台列表进行查询。

为了找到 WEP 和 WPA2 的安全漏洞，首先，在 CVE 网站检索 WEP 和 WPA2 存在的安全漏洞，找到安全漏洞标准的 CVE 名称，如图 7-5 所示。

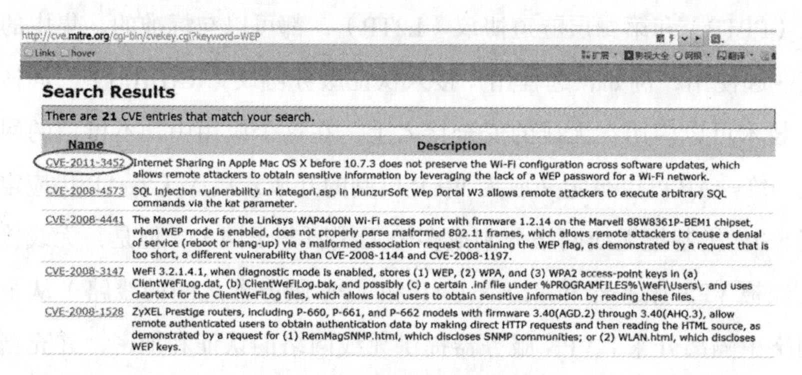

图7–5　检索安全漏洞

其次，在SCAP中文社区根据CVE名称检索该漏洞的详细描述，如图7–6所示。

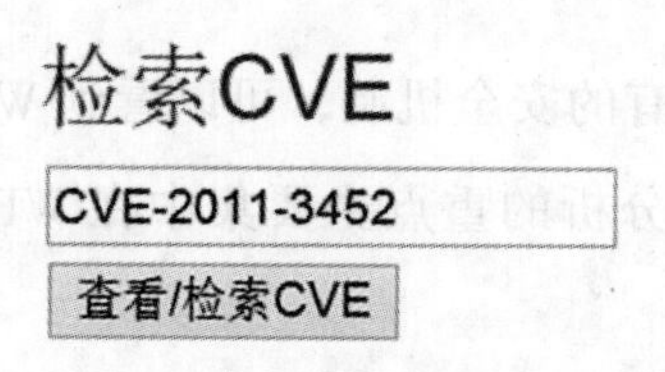

图7–6　检索漏洞详细描述

最后，得到漏洞CVE–2011–3452的信息，如图7–7所示。

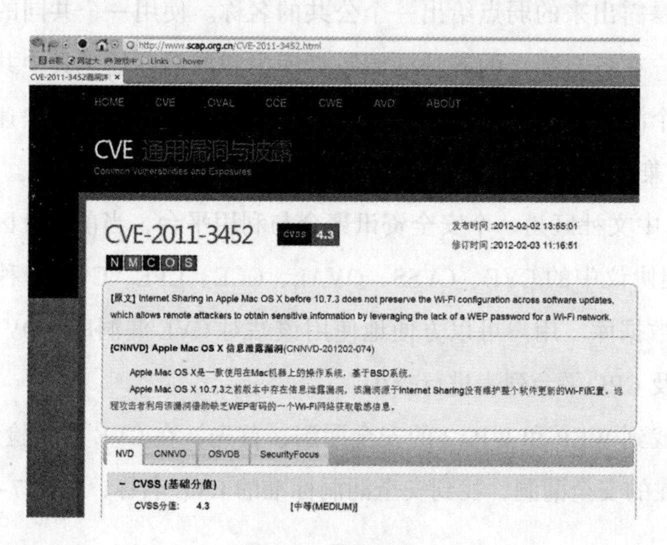

图7–7　最终信息

通过以上方法，分别得到并整理出 WEP 和 WPA2 安全漏洞基本信息，具体表 7–3 和表 7–4 所示。

表7–3　WEP安全漏洞基本信息

CVE名字	中文名字	描述
CVE-2011-3452	Apple Mac OS X信息泄露漏洞	Apple Mac OS X是一款使用在Mac机器上的操作系统，基于BSD系统。 Apple Mac OS X 10.7.3之前版本中存在信息泄露漏洞，该漏洞源于Internet Sharing没有维护整个软件更新的Wi-Fi配置。远程攻击者利用该漏洞借助缺乏WEP密码的一个Wi-Fi网络获取敏感信息
CVE-2008-4573	MunzurSoft Wep Portal “kategori.asp” SQL注入漏洞	MunzurSoft Wep Portal W3的kategori.asp中存在SQL注入漏洞，远程攻击者可以通过kat参数来执行任意SQL命令
CVE-2008-4441	Linksys WAP4400N Marvell无线88W8361P-BEM1芯片组驱动远程拒绝服务漏洞	Linksys WAP4400N是一款小型的无线路由器。 安装了MARVELL 88W8361P-BEM1芯片组的Linksys WAP4400N路由器没有正确地处理过短的畸形关联请求，远程攻击者可以通过发送恶意的802.11帧导致路由器崩溃。仅在接入点处于WEP模式且关联请求中包含有WEP标记时才可以利用这个漏洞
CVE-2008-3147	WeFi日志文件本地信息泄露漏洞	WeFi是一种搜索无线网络Wi-Fi的软件，可以监测到附近的无线信号，并可以共享开放的无线网络。 WeFi没有加密密钥，且客户端没有正确地储存日志文件备份，本地攻击者可以获得WEP、WPA和WPA2接入点的未加密密钥。保存密钥的日志文件如下： C:\Program Files\WeFi\LogFiles\ClientWeFiLog.dat C:\Program Files\WeFi\LogFiles\ClientWeFiLog.bak C:\Program Files\WeFi\Users\mee@sheep.com.inf 以下是备份文件代码的示例： a11ae90c2b66|7a000b|6|c8e|736|3f2a|fffffff|0|0|35|6570|Create Profile| a11ae90c2d4a|7a000b|6|c8e|736|3f2a|fffffff|0|0|35|6571|try to connect| a11ae90c2d4a|7a000b|6|c8e|736|3f2a|fffffff|0|0|35|6572|09F82980CX| 可见在最后一行，密钥是以明文存储的

续表

CVE名字	中文名字	描述
CVE-2008-1528	ZyXEL Prestige路由器直接的HTTP请求信息泄露漏洞	ZyXEL Prestige路由器，包括带有固件3.40（AGD.2）到3.40（AHQ.3）的P-660、P-661和P-662模式，远程认证用户通过先制作一个直接的HTTP请求，再读取HTML源，来获得身份认证数据。比如，对（1）RemMagSNMP.html的请求，会显示SNMP communities；对（2）WLAN.html的请求，会显示WEP keys
CVE-2007-4928	Axis Axis Communications AXIS 加密问题漏洞	The AXIS 207W照相机把WEP或WPA的key以明文形式存储在配置文件中，这使得本地用户可以获得敏感信息
CVE-2006-5595	Wireshark AirPcap 未明WEP KEY解析器漏洞	Wireshark以前名为Ethereal，是一款非常流行的网络协议分析工具。 Wireshark的HTTP、LDAP、XOT、WBXML和MIME的协议解析器存在多个漏洞，Wireshark的AirPcap服务存在未明的漏洞，这个漏洞和WEP KEY解析有关
CVE-2005-4697	Microsoft Windows Wireless Zero Configuration服务信息泄露漏洞	Microsoft Wireless Zero Configuration system（WZCS）使得本地用户可以通过调用wzcsapi.dll中的WZCQueryInterface API函数来访问WEP密钥和WPA预先共享密钥的成对主密钥（PMK）
CVE-2005-4696	Microsoft Windows Wireless Zero Configuration服务信息泄露漏洞	Microsoft Wireless Zero Configuration system（WZCS）在浏览器进程的内存中以纯文本形式存储WPA预共享密钥的WEP密钥和成对主密钥（PMK），具有访问此进程内存权限的攻击者可以借此窃取密钥并访问网络
CVE-2005-3253	多家厂商无线接入点静态WEP密钥认证绕过漏洞	Avaya无线AP和Proxim无线AP都是非常流行的无线接入设备。 Proxim无线AP产品和Avaya无线AP产品中存在静态的WEP密钥12345。攻击者可以利用这个密钥绕过802.1x认证，非授权访问网络资源
CVE-2005-2196	Apple AirPort WEP key 安全限制绕过漏洞	Apple AirPort是苹果公司的无线网卡。 Apple AirPort存在安全限制绕过漏洞。在没有连接到已知或受信任的网络时会使用默认的WEP密钥，这可使其自动连接到恶意网络
CVE-2003-1264	Longshine Wireless Access Point设备信息泄露漏洞	Longshine Wireless Access Point（WAP）LCS-883R-AC-B和基于D-Link DI-614+ 2.0的TFTP服务器存在漏洞。远程攻击者通过下载没有认证的配置文件（config.img）和其他文件获得WEP秘密和提升管理员权限

续表

CVE名字	中文名字	描述
CVE-2003-0934	Symbol Technologies PDT 8100默认WEP密钥配置漏洞	PDT 8100是一款便携式数据终端，将笔触式和键盘式移动数据收集结合的解决方案。 PDT 8100默认配置存在不安全问题，远程攻击者可以利用这个漏洞未授权访问网络资源。 在安装过程中，如果默认密钥没有更改，通过点击PDT 8100右边低端的无线图标，并选择“encryption tab”，PDT 8100会显示明文密钥给任意用户，窃取或拷贝PDT 8100的Wi-FI密钥，可以允许攻击者未授权访问限制网络资源
CVE-2002-2137	GlobalSunTech接入点信息泄露漏洞	GlobalSunTech无线接入点（1）WISECOM GL2422AP-0T，和可能OEM产品（2）D-Link DWL-900AP+ B1 2.1 和2.2（3） ALLOY GL-2422AP-S（4）EUSSO GL2422-AP（5）LINKSYS WAP11-V2.2存在漏洞。远程攻击者可以通过UDP端口27155的“getsearch”请求获取类似WEP密钥，管理员密码，MAC过滤器的敏感信息
CVE-2002-1810	D-Link DWL-900AP+ TFTP服务器任意文件获取漏洞	DWL-900AP+是一款由D-Link开发的Wi-Fi/802.11b无线访问接入点系统。 DWL-900AP+包含未公开的TFTP服务程序，远程攻击者可以利用这个TFTP服务器获得设备敏感信息数据。 攻击者可以通过向TFTP服务器请求设备配置文件“config.img”，就可以获得设备配置信息，包括： -HTTP用户接口的“admin”密码。 -WEP加密密钥。 -网络配置数据（地址、SSID等）。 这些数据以明文信息存在，通过这些数据，攻击者可能可以控制整个设备。 另外，通过访问请求TFTP服务器，还可以获得其他配置文件： - eeprom.dat - mac.dat - wtune.dat - rom.img - normal.img <* 链接：http://marc.theaimsgroup.com/?l=bugtraq&m=103521602215170&w=2 *>

续表

CVE名字	中文名字	描述
CVE-2002-0214	Compaq Intel PRO/Wireless 2011B局域网USB设备驱动信息泄露漏洞	Compaq’s Intel PRO/Wireless 2011B局域网USB设备驱动程序可以使一个用户通过USB接口连接局域网上一些支持WLAN的以太网设备。程序运行于那些支持USB的Windows版本，比如Windows 98/ME/2000。 此USB设备驱动程序设计上存在漏洞，可以使本地攻击者轻易地得到128 bit位的WEP Key。 用于加密WEP通信的WEP Key被驱动程序以明文的形式存放在系统的注册表中，任何本地用户都可以轻松地用任何注册表访问工具读取这个明文的Key。攻击者得到这个Key可以解密所有用WEP包装的网络通信
CVE-2001-0618	Orinoco RG-1000 wireless Residential Gateway确定WEB密钥且加密RG-1000交易漏洞	Orinoco RG-1000 wireless Residential Gateway使用“Network Name”或者SSID的最后5位数字作为默认的Wired Equivalent Privacy（WEP）加密密钥。SSID在交流的时候出现在空隙中，远程攻击者利用该漏洞确定WEB密钥且加密RG-1000交易
CVE-2001-0514	Atmel SNMP群组字符串漏洞	Atmel 802.11b VNET-B Access Point 1.3及其之前版本的SNMP service，如在Netgear ME102和Linksys WAP11中使用时，会接收任意带有改进MIB请求的群组字符串，远程攻击者可以利用该漏洞获取敏感信息如WEP密钥，并且可以导致服务拒绝或网络访问权限。
CVE-2001-0352	Symbol Technologies Firmware Insecure SNMP漏洞	3Com AirConnect AP-4111和Symbol 41X1 Access Point版本SNMP代理存在漏洞。当数值只写时，远程攻击者借助（1）IEEE 802.11b MIB中dot11WEPDefaultKeysTable的dot11WEPDefaultKeyValue，或者（2）Symbol MIB中ap128bWEPKeyTable的ap128bWepKeyValue，通过从MIB读取该值获取WEP加密密钥
CVE-2001-0161	Cisco 340-series Aironet WEP加密漏洞	Cisco 340-series Aironet 接入点使用的11.01固件不使用24位可用的自适应变量的6位作为WEP加密。远程攻击者利用该漏洞更方便的实行暴力攻击
CVE-2001-0160	Lucent/ORiNOCO WaveLAN卡漏洞	Lucent/ORiNOCO WaveLAN卡对无线加密协议（WEP）产生可预测的初始向量（IV）值，远程攻击者可以快速编译能解密消息的信息

表7-3列出了WEP中存在的安全漏洞信息，包括安全漏洞的CVE名称、对应的中文名称及漏洞的基本描述。可以看出，WEP安全漏洞主要是由以下原因造成的。

第一，无线接入设备漏洞。有些无线接入设备本身由于在认证和保密方面处理不当而存在安全隐患，例如：

CVE-2008-4441：Linksys WAP4400N 无线路由器。

CVE-2008-1528：ZyXEL Prestige 路由器。

CVE-2005-3253：Avaya 无线 AP 和 Proxim 无线 AP。

CVE-2005-2196：Apple AirPort 是苹果公司的无线网卡。

CVE-2003-1264：Longshine Wireless Access Point 设备。

CVE-2002-2137：GlobalSunTech 无线接入点。

CVE-2002-1810：D-Link DWL-900AP+ TFTP 服务器任意文件获取漏洞。

CVE-2001-0618：Orinoco RG-1000 wireless Residential Gateway。

CVE-2001-0161：Cisco 340-series Aironet WEP 加密漏洞。

CVE-2001-0160：Lucent/ORiNOCO WaveLAN 卡漏洞。

第二，协议漏洞。WEP 协议漏洞以及利用 SNMP 协议漏洞造成 WEP 秘钥等敏感信息泄露，例如：

CVE-2008-4573：MunzurSoft Wep Portal W3。

CVE-2001-0514：Atmel SNMP 群组字符串漏洞。

CVE-2001-0352：Symbol Technologies Firmware Insecure SNMP 漏洞。

第三，系统漏洞。某些操作系统配置上的漏洞或者设备驱动漏洞造成敏感信息泄露，例如：

CVE-2011-3452：Apple Mac OS X。

CVE-2005-4697：Microsoft Wireless Zero Configuration system (WZCS)。

CVE-2005-4696：Microsoft Wireless Zero Configuration system (WZCS)。

CVE-2003-0934：PDT 8100 数据终端默认 WEP 密钥配置漏洞。

CVE-2002-0214：Compaq Intel PRO/Wireless 2011B 局域网 USB 设备驱动信息泄露漏洞。

第四，软件漏洞。某些应用软件的日志文件或配置不当造成信息泄露，例如：

CVE-2008-3147：WeFi 日志文件本地信息泄露漏洞。

CVE-2007-4928：The AXIS 207W 照相机配置文件。

CVE-2006-5595：Wireshark AirPcap 未明 WEP KEY 解析器漏洞。

表7-4 WPA2安全漏洞基本信息

CVE名字	中文名字	描述
CVE-2013-5037	HOT HOTBOX Router信任管理漏洞	HOT HOTBOX Router是以色列HOT Cable通信公司的一款路由器设备。 使用2.1.11版本软件的HOT HOTBOX路由器中存在信任管理漏洞，该漏洞源于设备对WPA和WPA2使用默认的WPS PIN码。远程攻击者可通过EAP消息利用该漏洞获取敏感信息
CVE-2013-4622	HTC Droid Incredible 3G Mobile Hotspot功能信任管理漏洞	HTC Droid Incredible是HTC公司开发的一款智能手机。 HTC Droid Incredible上的3G Mobile Hotspot功能中存在漏洞，该漏洞源于程序使用默认的WPA2 PSK口令1234567890。远程攻击者可通过WLAN覆盖区域内的位置。利用该漏洞获得访问权限
CVE-2013-4616	Apple iOS 信任管理漏洞	Apple iOS是美国苹果（Apple）公司为移动设备所开发的操作系统。支持的设备包括iPhone、iPod Touch、iPad、Apple TV。 Apple iOS 6及之前的版本中的Preferences中的WifiPasswordController generateDefaultPassword方法中存在漏洞，该漏洞源于程序对Wi-Fi热点WPA2 PSK口令的选择依赖UITextChecker suggestWordInLanguage方法。远程攻击者可通过暴力破解攻击利用该漏洞获得访问权限
CVE-2012-6371	Belkin N900 F9K1104v1路由器加密问题漏洞	Belkin N900 F9K1104v1是一款美国贝尔金公司的无线路由器产品。 基于Belkin N900 F9K1104v1路由器的WPA2实现中存在漏洞。该漏洞源于程序基于LAN/WLAN MAC地址的其中6位创建了WPS PIN。通过读取广播报文，远程攻击者利用该漏洞获得访问到Wi-Fi网络的权限

续表

CVE名字	中文名字	描述
CVE-2012-4366	Belkin安全漏洞	Belkin Wireless G Router是一款家用的无线路由器。 Belkin wireless routers Surf N150 Model F7D1301v1、N900 Model F9K1104v1、N450 Model F9K1105V2以及N300 Model F7D2301v1中存在漏洞，该漏洞源于产生可预测默认WPA2-PSK解析基于MAC地址。远程攻击者利用该漏洞通过嗅探beacon帧，访问网络
CVE-2012-2619	Broadcom BCM4325和BCM4329 Wireless Chipset越界读取拒绝服务漏洞	Broadcom是全球领先的有线和无线通信半导体公司。 Broadcom BCM4325和BCM4329 Wireless Chipsets中存在拒绝服务漏洞。攻击者可利用该漏洞导致受影响设备崩溃，拒绝服务合法用户。也可能获取敏感信息。Chipsets BCM4325 BCM4329版本中存在漏洞
CVE-2011-4507	D-Link DIR-685路由器加密问题漏洞	D-Link是国际著名网络设备和解决方案提供商，产品包括多种路由器设备。 D-Link DIR-685路由器中存在漏洞。由于在使用某些WPA和WPA2配置时，不能保持在传递大量网络信息流量期间加密无线网络，远程攻击者可借助Wi-Fi设备获得敏感信息或者绕过认证
CVE-2009-4144	GNOME NetworkManager加密问题漏洞	GNOME NetworkManager（NM）是Linux平台下的网络连接管理器程序。 NetworkManager存在加密问题漏洞。由于NetworkManager在显示一个连接尝试时不能校验（1）WPA Enterprise或（2）802.1x网络系统的已配置Certification Authority（CA）证书，远程攻击者可以借助欺骗一个无线网络认证，导致获得敏感信息或拒绝服务（连接中断）
CVE-2008-5230	WPA加密标准TKIP密钥破解漏洞	WPA加密即Wi-Fi Protected Access，是无线网络广泛使用的加密标准。 很多对Wi-Fi网络使用WPA和WPA2加密的产品没有安全地实现临时密钥完整性协议（TKIP），如果远程攻击者发送了特制的回放报文的话，就可能较容易的破解从AP发送给客户端的报文，然后执行ARP欺骗或其他攻击。 请注意这种攻击不是密钥恢复攻击，攻击者仅可以恢复用于认证报文的密钥而不是用于加密和混淆数据的密钥，且仅可以通过恢复的密钥伪造抓包到的报文，最多有7次尝试的窗口机会。每次攻击只能解密一个报文，所耗费的时间为12～15分钟

续表

CVE名字	中文名字	描述
CVE-2008-3147	WeFi日志文件本地信息泄露漏洞	WeFi是一种搜索无线网络Wi-Fi的软件，可以监测到附近的无线信号，并可以共享开放的无线网络。 WeFi没有加密密钥，且客户端没有正确地储存日志文件备份，本地攻击者可以获得WEP、WPA和WPA2接入点的未加密密钥。保存密钥的日志文件如下： C:\Program Files\WeFi\LogFiles\ClientWeFiLog.dat C:\Program Files\WeFi\LogFiles\ClientWeFiLog.bak C:\Program Files\WeFi\Users\mee@sheep.com.inf 以下是备份文件代码的示例： a11ae90c2b66|7a000b|6|c8e|736|3f2a|fffffff|0|035|6570|Create Profile| a11ae90c2d4a|7a000b|6|c8e|736|3f2a|fffffff|0|035|6571|try to connect| a11ae90c2d4a|7a000b|6|c8e|736|3f2a|fffffff|0|035|6572|09F82980CX| 可见在最后一行，密钥是以明文存储的
CVE-2007-2874	Fedora NetworkManager package wpa_printf函数远程缓冲区溢出漏洞	Fedora NetworkManager package 0.6.5-3.fc7版本之前的版本的wpa_supplicant中的调式代码中的wpa_printf函数中存在缓冲区溢出。用户协助式的远程攻击者可以借助对一个WPA2网络的畸形框架，执行任意代码

表7-4列出了WPA2中存在的安全漏洞信息，可以看出，WPA2安全漏洞主要是由以下原因造成的：

第一，无线接入设备漏洞。

CVE-2013-5037：HOT HOTBOX Router信任管理漏洞。

CVE-2012-6371：Belkin N900 F9K1104v1路由器加密问题漏洞。

CVE-2012-4366：Belkin Wireless G Router安全漏洞。

CVE-2012-2619：Broadcom BCM4325和BCM4329 Wireless Chipset越界读取拒绝服务漏洞。

CVE-2011-4507：D-Link DIR-685路由器加密问题漏洞。

第二，协议漏洞。

CVE-2008-5230：WPA加密标准TKIP密钥破解漏洞。

第三，系统漏洞。

CVE-2013-4622：HTC Droid Incredible 3G Mobile Hotspot 功能信任管理漏洞。

CVE-2013-4616：Apple iOS 信任管理漏洞。

CVE-2009-4144：GNOME NetworkManager 加密问题漏洞。

CVE-2007-2874：Fedora NetworkManager package wpa_printf 函数远程缓冲区溢出漏洞。

第四，软件漏洞。

CVE-2008-3147：WeFi 日志文件本地信息泄露漏洞。

根据分析可以看出，WLAN 的安全漏洞主要是由无线接入设备本身的认证和保密机制不健全而造成的，此外，某些操作系统配置和管理上的缺陷也是造成 WLAN 安全问题的主要原因。

第三节　无线网络的入侵检测

相比有线网络，无线网络在使用上更加便利，在应用上有着更大的优势。随着近几年无线网络技术飞速发展，无线网络带宽的瓶颈逐渐被打破，基于无线网络的应用正变得丰富起来，特别是智能手机、平板电脑等移动终端设备的普及，无线网络正赢来发展的黄金时期。

无线网络在飞速发展的同时，其安全问题也越发严重，除了传统有线网络的安全威胁对无线网络同样有效之外，无线网络还因为自身的特点需要面对新的威胁，如非法 AP、WarDriving 入侵、WEP 破解等。因此，这几年无线网络入侵检测技术的研究也逐渐热门起来。本书对无线局域网入侵检测技术展开研究，介绍了 WLAN 入侵检测技术的研究现状、一些典型的 WLAN 入侵检测技术以及 WLAN 入侵检测系统模型的构建等。

一、WLAN 入侵检测研究现状

相对于传统入侵检测，WLAN 入侵检测（WLAN Intrusion Detection System，WIDS）的研究才刚刚起步，但是许多传统入侵检测技术都适用于 WLAN 入侵检测，因此，早期的 WIDS 大都从传统 IDS 发展而来，比如 2003 年，由 Andlew Lockhart 组织开发了 Snort Wireless 测试版，该版本从著名的网络入侵检测系统 Snort 发展而来，增加了 Wi-Fi 协议字段和选项关键字，采用规则匹配的方法进行入侵检测，其 AP 由管理员手工配置，因此能很好地识别非授权的假冒 AP，在扩展 AP 时亦需重新配置。但是，由于其规则文件无有效的规则定义，使得检测功能有限，而且不能很好地检测 MAC 地址伪装和泛洪拒绝服务攻击。

2003 年 1 月，由英国的 Fatblock 工作小组设计开发作为概念模型的 WIDZ 系统，该系统主要实现了 AP 监控和泛洪拒绝服务检测，还可以检测出一般性的故障。该系统操作方便、检测准确、误报率低，但对其他针对 WLAN 的典型攻击（例如，中间人攻击和 MAC 地址欺骗等）无能为力，并且 WIDZ 体系结构存在缺陷，管理需借助第三方软件，在使用上存在局限性。

2003 年下半年，IBM 提出 WLAN 入侵检测方案，采用无线感应器进行监测，该方案需要联入有线网络，应用范围有限且系统成本昂贵，要真正市场化、实用化尚需时日。

国内，杭州华三通信技术有限公司（H3C）的 WX 系列 WIDS 已投产使用，该系统可保护企业网络和用户不被无线网络上未经授权的设备访问，它用于检测 WLAN 网络中的 Rogue 设备，并对它们采取反制措施，以阻止其工作。Rogue AP 检测具备以下功能：不同信道 RF 监视、Rogue AP 检测、Rogue 客户端检测、Adhoc 网络检测及无线网桥检测。H3C WX WIDS 能够及时发现 WLAN 网络的恶意或者无意的攻击，通过记录信息或者发送日志信息的方式通知网络管理者。目前设备支持的 IDS 攻击检测主要包括 802.11 报文泛洪攻击检测、AP Spoof 检测以及 Weak IV 检测。

现阶段，全球对 WIDS 的研究都处于探索阶段，而国内 WIDS 的研究相对滞后于国外，相关技术和资料基本上依赖国外引进，国内最早的学术论文发表于 2001 年。总之，目前 WLAN 入侵检测技术的研究主要是在现有入侵检测技术的基础上，针对无线传输链路的特点，增强对无线链路数据包的捕获、无线协议（如 IEEE 802.11 协议族）的分析，以及某些主要针对无线网络入侵（如非法 AP、WarDriving 入侵）的检测。

二、典型的 WLAN 入侵检测技术

针对 WLAN 存在的安全威胁和安全漏洞，有以下几种典型的 WLAN 入侵检测技术。

（一）MAC 地址欺骗攻击的检测

出现 MAC 地址欺骗的原因是 IEEE 802.11 标准中没有对无线网络数据帧 MAC 层的源 MAC 地址进行认证的有效机制，因此，源 MAC 地址可以被篡改。检测 MAC 地址欺骗攻击的方法同样存在于无线网络的数据帧中，称为序列控制字段。

IEEE 802.11 标准定义的 MAC 帧格式中有一个序列控制字段，该字段占 2 个字节，又分为分段号（4 位）和序列号（12 位）两个子字段。分段号用来标识一个特定的介质服务数据单元（MSDU），序列号标识 MSDU 的序号。无线信号发送时，对于信源端发送的每个 MSDU，会被分配一个序列号来进行标识，序列号从 0 开始计数，每发送一个 MSDU，其序列号加 1。

无线网络设备的额 MAC 地址可被修改，但是 MSDU 序列号是由硬件决定的，入侵者无法随意修改。根据这个特性，可以采用帧序列号检测技术来检测 MAC 地址欺骗攻击，但是由于存在监听模块漏包、无线网卡因重新初始化使数据包序列号重置为 0、数据包的序列号到 4095 后会跳变为 0 等情况，不能通过检查源 MAC 地址相同的 MSDU 的序列号是否严格加 1 来进行检测。因此，针对每个授权的 MAC 地址，可以根据其序列号变化的实际

情况，同时考虑漏包率、序列号重置为 0 等因素，建立一个动态的序列号变化基线，对于缓冲区中捕获的数据包，如果其源 MAC 地址与授权 MAC 地址相同，则将其序列号与对应序列号变化基线比较；如果偏离过大，则可判定为伪造帧，存在 MAC 地址欺骗攻击。

（二）WarDriving 入侵的检测

检测 WarDriving 入侵一般采用特征匹配和统计分析相结合的方法。特征匹配主要是利用某些入侵行为的数据包中存在的特定信息来进行检测。例如，常用于 WarDriving 入侵的黑客软件 NetStumbler，NetStumbler 在检测到 AP 后会发送一个数据包，这个数据包有以下 3 个特征：由 NetStumbler 产生的数据包的 LLC 的 OID 值为 0x00601d；其 PID 值为 0x0001；数据负载为 58B，并且对不同版本的 NetStumbler，包含了一些特殊的字符串。例如：

Version3.2.0 —“Flurble gronk bloopit，bnip Frundletrune”；

Version 3.2.3 —“All Your 802.11 are belong to us”；

Version 3.3.0 — 空白。

因此，只需比较所捕获的数据包和这些特殊字符串，就可以判断是否有 WarDriving 入侵。

（三）非法 STA 的检测

非法 STA（也称伪 STA）是一种试图非法进入 WLAN 或破坏正常无线通信的带有恶意的无线客户，其行为往往表现出一些异常，管理员只要留意其行为特征，一般可以识别假冒用户。

非法 STA 往往表现出的异常行为主要有发送长持续时间帧；持续时间攻击；探测“Any SSID”设备；非认证客户。

IEEE 802.11 的信道是共享的，为保证多个用户共享信道，在 MAC 层采用了 CSMA/CA 的介质访问控制策略。该策略为每个无线节点规定了使用信道的持续时间，该持续时间可在 802.11 帧头的持续时间字段设定，无线节点在一帧的指定时间内占有信道，可进行数据发送。如果攻击者能够成功地发送长持续时间的数据包，其他节点则必须等待，造成无法访问。

非法 STA 经常会以任意 SSID 连接 AP，如果 AP 允许客户端通过任意 SSID 接入网络，必将为攻击者提供极大的方便，因此，管理员应更改 AP 设置，禁止以任意 SSID 方式接入。

（四）非法 AP 攻击的检测

通过侦听无线信号可以检测 AP 的存在，得到在无线网卡接收范围内所有正在使用的 AP。要进一步检测非法 AP，需要在网络中做以下布置：探测器 Sensor/Probe，用于随时监测无线数据；无线网络入侵检测系统 WIDS，用于收集探测器传来的数据，并能判断哪些是非法 AP；网络管理软件，用于与有线网络交流，判断出非法 AP 接入的交换机接口并断开连接。

首先，分布于网络各处的探测器通过 RF 扫描完成数据包的捕获。其次，WIDS 入侵检测系统完成对数据包的解析，并从中判断非法 AP，判断非法 AP 时可根据 WLAN 中已授权 AP 列表来进行，具体方法：先对数据包进行协议解析，从中找出 AP 的 MAC 地址，然后和授权 AP 列表比较，从而判断非法 AP。最后，通过网络管理软件，比如 SNMP 来确定 AP 接入有线网络的具体物理地址，完成对非法 AP 的定位。

（五）拒绝服务攻击（DoS）的检测

无线网络 DoS 攻击的数据帧中往往存在 MAC 地址欺骗、伪装成授权的合法用户或 AP 发送的认证帧或关联帧，如果检测到无线信号中包括这些情况，那么就能断定这是一个 DoS 攻击。另外，统计每个 AP 收到的认证请求帧，并按源地址进行分类，如果 MAC 地址不在授权的地址列表或一定时间间隔内认证请求帧的数量超出正常值，则有向 AP 进行 DoS 攻击的可能。

（六）统计分析检测

统计分析检测主要是针对拒绝服务攻击，主要通过检测报文流量异常来判断入侵。拒绝服务攻击通过大量发送报文来达到拒绝服务的目的，单个报文可能是完全正常的，但流量异常，因此，可以通过统计某段时间内特型报文的数量，如果对应报文数量超过了一定阈值，则认为有入侵行为。

利用统计分析检测的方法，可以发现认证洪泛攻击、认证请求洪泛攻击等多种洪泛攻击，还可检测非法大量广播报文和 ARP 重放攻击以及大量脆弱 IV 流量等异常流量。

（七）MAC 地址与 SSID 过滤

MAC 地址访问控制机制和 SSID 过滤机制可有效过滤掉部分未授权地址和 SSID，这两种机制主要依靠授权列表来实现。通过管理员手动设置的黑名单和白名单，可以初步阻止非法 MAC 地址和 SSID 的接入。

（八）报文捕获技术

要进行 WLAN 入侵检测，首先要能够捕获无线报文。无线报文的捕获可通过 Linux 系统下的射频监听模式来进行（即 RF 扫描），射频监听模式需要特殊的网卡和驱动程序的支持，经实验发现，Atheros 芯片的网卡和 Prism2 芯片的网卡都支持射频监听模式，捕获性能好。在应用开发方面，可使用 Libpcap 开发包来捕获底层的所有报文，并且通过命令设置使得 Libpcap 捕获到带 prism 头结构的所有 802.11 原始报文。

处于射频监听模式下的无线网卡不接入周围任何一个 WLAN，能捕获网卡接收范围内更多的原始 802.11 报文，所捕获报文按 802.11 协议格式封装头部，可以解析出更多对入侵检测有用的 WLAN 信息。

三、WLAN 入侵检测系统模型

传统的入侵检测系统主要面向的是有线网络，并不适用于无线网络。无线网络与有线网络之间存在着差异。这种差异主要体现在传输链路上，对协议来说，也就是物理层和链路层。无线网络的开放性使得无线网络的物理层和链路层更易受到攻击，因此，无线网络的入侵检测系统应更加关注网络层以下的入侵，而网络层以上则与有线网络没有多大的差别。

（一）WLAN 入侵检测系统结构

与传统入侵检测技术相比，WLAN 入侵检测的特点主要体现在两个方面：一是数据包的来源是无线链路；二是采用的是 IEEE 802.11 标准体系协议族。因此，要实现 WLAN 入侵检测，需要添加新的数据包捕获模块和协议分析处理模块。

此外，考虑到无线站点的分散性和移动性，WLAN 入侵检测系统应该采用分布式结构，网络中每个节点都参与入侵检测的工作，对自己本地范围内的入侵进行检测，同时相互之间要能够协同工作。

综上所述，这个特性非常适合用自治代理来实现。自治代理可以是一个小型的入侵检测系统，分布在无线节点上负责本地的入侵检测，同时相互间协作，并向控制中心报警，因此，WLAN 入侵检测系统可采用分布式自治代理结构。

具体来说，自治代理可部署在无线接入点 AP 上，负责对所在 BSS 的入侵检测。自治代理是一个独立的、完整的小型无线网络入侵检测系统，主要负责无线网络的入侵检测，其工作方式有两种：

第一种，当自治代理能够对入侵进行判定时，就进行判定，并将判定结果反馈给控制中心。

第二种，当自治代理无法对入侵进行判定时，就将提取出的行为特征提交控制中心，控制中心可根据其他自治代理发来的数据进行协同检测，进一步判定入侵行为。

（二）WLAN 入侵检测系统功能模块

自治代理一般部署在无线 AP 上，用于对其所在的 BSS 进行入侵检测，当然，也可以部署在 BSS 中重要的无线节点上，比如一些无线服务器等。自治代理是基于自治代理的分布式 WIDS 模型的核心功能部件，其功能模块图如图 7-5 所示。

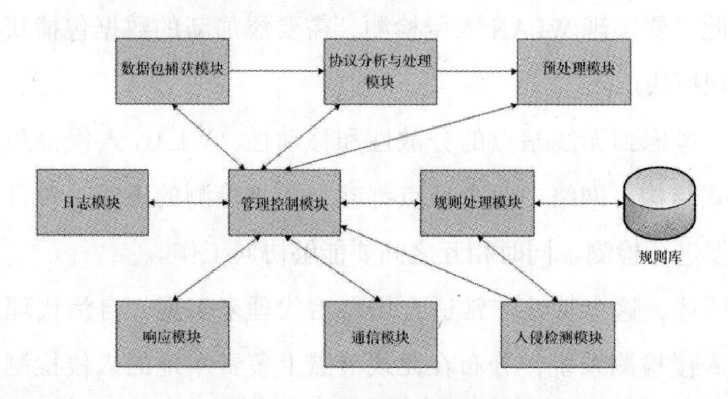

图7-5 自治代理功能模块

数据包捕获模块：数据包捕获模块主要负责监听、捕获网络中的无线数据包，并按照过滤要求进行数据包的过滤。与有线网络的数据包捕获模块不同，WIDS 要求能够捕获无线数据包，也就是能够支持对无线链路上传输的数据包的捕获。要实现这个目标，可使用 RF 扫描技术，即启动 Linux 系统下无线网卡的射频监听模式，而要启动射频监听模式，在硬件上需要特定的无线网卡及驱动程序的支持，比如，Atheros 芯片的网卡和 Prism2 芯片的网卡；在软件上，则需要 Libpcap 开发包的支持。

协议分析与处理模块：协议分析与处理模块要对数据包捕获模块捕获的并且过滤后的原始数据包按照协议结构进行协议解码，以便于预处理模块和检测分析模块进行入侵分析。WIDS 中，协议分析与处理模块要求主要能够对 IEEE 802.11 标准协议族中的协议进行分析和处理。根据 802.11 帧的结构，可以从采集的报文中得到 BSSID、源 MAC 地址、目的 MAC 地址。802.11b 的 MAC 帧共分 3 种类型：管理帧、控制帧和数据帧。管理帧负责管理各种主机站点与接入点 AP 之间的交互操作和身份验证等；控制帧主要是控制数据的传递，例如，发送数据确认帧等；数据帧就是具体传输数据的 MAC 帧。根据帧类型的不同，其帧头的格式也不相同，因此，解码时需要不同的处理。

预处理模块：预处理模块在协议分析与处理模块处理后，入侵检测模块处理前对得到的数据包进行预处理，其作用就是对网络数据进行预先处理。

一方面可以发现入侵信息，另一方面为入侵检测模块做最后的准备。预处理模块往往采用插件技术，可以很方便地增加功能，使系统具有可扩展性。

入侵检测模块：入侵检测模块对预处理模块提交的数据，运用匹配算法和规则库中的规则进行比较分析，从而判断出是否有入侵行为。为最大限度地检测出入侵，可采用混合式入侵检测技术，即利用误用检测技术，根据规则匹配检测已知入侵行为，利用异常检测技术，根据行为与正常行为轮廓偏离程度，检测未知入侵行为。

规则处理模块：规则处理模块主要有两个功能，一是产生规则，将规则存入规则库，产生规则主要根据协议分析与处理模块的结果，根据定义的规则描述属性，对无线数据包进行特征提取，从而构造规则；二是从规则库提取规则，进行规则解析，在内存中生成规则树，这样入侵检测模块可根据规则树进行模式匹配，判断入侵。

日志模块：日志模块的作用是当检测引擎在入侵检测过程中，当与管理分析中心失去通信联系时，能够独立地运行，此时将所有的捕获到的数据以及告警信息存放在数据检测器所在的本地计算机的日志上，以便于管理员或用户的查询。

响应模块：响应模块对确认的入侵行为采取相应的响应。一方面向控制中心发送告警，一方面主动断开攻击者的连接，避免危害扩大，同时，启动日志模块记录攻击时的状态等相关信息。

规则库：规则库用于存储入侵行为的规则。要提高入侵检测的准确率，规则库信息全面并且不断更新是十分重要的。

通信模块：通信模块负责与其他自治代理和控制中心的通信。

管理控制模块：管理控制模块负责调度和管理自治代理中的其他功能模块。

四、无线入侵检测技术的发展展望

社会信息化是时代发展的必然趋势，而无线网络在社会信息化进程中扮演着重要的角色。随着无线网络的飞速发展，无线网络的应用正越来越广泛，特别是基于智能手机平台的无线支付业务的开展和应用，使得无线网络已经向有线网络一样应用于电子商务领域，由此带来的无线网络的安全问题也越发严重，不容忽视。可以预见，未来无线网络的应用会远远超过有线网络，有线网络将成为骨干网，而无线网络必将发展成为接入网，与用户终端联系更加紧密。相应地，无线网络的安全问题也会更加严重。

入侵检测技术，作为网络安全防护体系中十分重要的一环，曾经在有线网络中发挥重要的作用，也必将在无线网络中担当重任。然而，应该看到，无线入侵检测技术的发展远滞后于无线网络攻击事件的扩张，因此，无线入侵检测技术的研究需要引起足够重视，加强力度，这样才能应对逐渐严重的无线网络安全问题。可以说，无线网络入侵检测技术的发展前景十分广阔。

可喜的是，一方面，无线入侵检测技术的研究已在全球范围内展开，每年相关研究文献的发表呈上升趋势；另一方面，现有有线网络的入侵检测技术为无线网络入侵检测提供了大量的资源，因为无线网络与有线网络的主要区别在通信链路上，也就是网络层以下，所以无线网络与有线网络除了物理层和链路层的入侵检测存在差异外，其他方面几乎完全相同。

因此，无线入侵检测研究的侧重点将放在物理层和链路层上：WIDS 体系结构的研究，使其适用于分散性和移动性的无线网络，能充分发挥入侵检测系统各功能模块的作用，使其更好地协同工作；加强无线链路的接入控制，重点检测非法 AP、非法 STA，以及做好 SSID 和 MAC 地址过滤；无线网络协议的研究，包括无线网络传输协议，如 IEEE 802.11b/a/g/n 的研究；无线网络安全机制协议 IEEE 802.11i、WAPI 的研究；无线网络认证协议 802.1x 的研究等。同时，对协议中采用的加密机制、认证机制进行深入研究，寻找攻击漏洞，加强防范。

总之，现今人们已迎来无线网络的高速发展，而无线网络的安全问题必将促进无线网络入侵检测技术的研究更加广泛和深入。

参考文献

［1］陈波，于泠．基于自治Agent的入侵检测系统模型[J]．计算机工程，2000，26（12）：128–130.

［2］张旋．基于无线网络的入侵检测系统研究[D]．武汉：武汉理工大学，2006.

［3］蒋建春，卿斯汉．网络攻击及其防范[J]．中国信息导报，2001（11）：42–45.

［4］杨建强，吴钊，李学锋．增强智能手机安全的动态恶意软件分析系统.信息安全技术[J]．计算机工程与设计，2010：29–32.

［5］杨武，方滨兴，云晓春，等．一种高性能分布式入侵检测系统的研究与实现[J]．北京邮电大学学报，2004，27（4）：83–86.

［6］吕志军，郑璟，黄皓．高速网络下的分布式实时入侵检测系统[J]．计算机研究与发展，2004，41（4）：667–673.

［7］阙喜戎，孙悦，等．信息安全原理及应用[M]．北京：清华大学出版社，2003.

［8］周伟，王丽娜，张焕国．一种基于攻击树的网络攻击系统[J]．计算机工程与应用，2006（24）：125–128.

［9］胡侃，夏绍玮．基于大型数据仓库的数据采掘：研究综述[J]．软件学报，1998，9（1）：53–63.

［10］冯柳平，刘明业，刘祥南．无线局域网的WarDriving入侵检测[J]．北京理工大学学报，2005，25（5）：415–418.

［11］张丽敏. 无线网络安全防范技术研究[J]. 福建电脑，2009（5）.

［12］杨宏宇. 网络入侵检测技术的研究[D]. 天津：天津大学，2003.

［13］包国峰，张喜雨，季克峰. 人工智能技术在医疗领域中的应用探索.山东医学会医疗器械专业委员会第八次学术年会论文集[C]. 2000.

［14］程钰杰. 我国物联网产业发展研究[D]. 合肥：安徽大学，2012.

［15］杨继宏. 人工智能技术在远程作业系统中的应用研究[D]. 成都：西南交通大学，2003.

［16］贾润亮. 面向物联网应用的人工智能相关技术研究[J]. 电脑知识与技术，2016（30）.

［17］黄迪. 物联网的应用和发展研究[D]. 北京：北京邮电大学，2011.

［18］刘强. 无线网络安全的机制与技术措施探究[J]. 无线互联科技，2011（4）.

［19］邓彬伟，黄松柏. 浅谈嵌入式处理器体系结构[J]. 山西电子技术，2007（4）：86-87.

［20］沈建华. ARM：处理器与嵌入式系统[J]. 单片机与嵌入式系统应用，2010（11）.

［21］韦照川，李德明. 嵌入式系统发展概述[J]. 科技信息，2010（1）：839.

［22］田泽. 嵌入式系统开发与应用教程[M]. 北京：北京航空航天大学出版社. 2010：107-108.

［23］沈连丰，宋铁成，叶芝慧. 嵌入式系统及其开发应用[M]. 北京：电子工业出版社，2005：68.

［24］CVE[EB/OL].百度百科.http://baike.baidu.com/view/528364.htm?fr=aladdin.

［25］CVE[EB/OL].http://cve.mitre.org/index.html.

[26] SCAP安全内容自动化协议中文社区[EB/OL].http://www.scap.org.cn/index.html.

[27] WRIGHT J.Detecting wireless LAN MAC address spoofing[J]. White Paper, January, 2003.

[28] BELLARDO J ,SAVAGE S.802.11Deny-of-Service Attacks: Reak Vulnerabilities and PracticalSolutions[EB/OL].http://ramp.ucsd.edu/bellardo/pubs/usenix-sec03-80211dos-html/index.html.

[29] LOW W L ,LEE J,TEOH P.DIDAFIT:Detecting Intrusions in Databases Through Fingerprinting Transactions[C]. ICEIS. 2002: 121-128.

[30] LEE S Y ,LOW W L ,WONG P Y.Learning fingerprints for a database intrusion detection system[M]. Computer Security—ESORICS 2002. Springer Berlin Heidelberg,2002:264-279.